FileMaker Pro
それはどうやるの？

EXCEL データベース機能から始める
Pro/Advanced/Go/Server　ver.15

顧問　ドクターズ

監修　西門泰洋　　著作　蝦名信英

サンタクロース・プレス LLC
http://www.santapress.me

プログラミングと健康被害

VDT
Visual Display Terminals の頭文字をとってVDTといいます。意味は、パソコンや汎用機の端末等の画像表示についての注意事項です。

VDTは、厚生労働省が管轄し、各省庁への労務のガイドラインとして作成されました。それを「VDT作業における労働衛生管理のためのガイドライン」といいます。

参照 URL
厚生労働省労働基準局
http://www.mhlw.go.jp/houdou/2002/04/h0405-4.html

耳石と健康
長く同じ姿勢でいると、耳のセンサーの重しである耳石がセンサーから離れる。このことによって引き起こされる健康被害が米国NASAから報告があり、重力を持つ地球上でも同じことが観察される。

耳石がセンサーから離れる現象を回避するためには、30分程度に一度は立ち上がるなど姿勢を変えることによって改善される。

ファイルメーカープロによるDBデザインおよびプログラミング作業は、時間を忘れて、とことんトライしようとしてしまいます。

しかし一方で、同じ姿勢のままでパソコンを長く操作し続けると、健康被害になることを警告します。

これをVDTといいます。

VDTの「同じ姿勢のままでパソコンを長く操作すると健康被害になります。」という警告を無視して、操作を続け、健康被害になっても労働災害とは認めません、というのがVDTの主張するところです。

健康被害にあわないためには、60分程度の連続したパソコン操作は避け、10分間程度の休憩を入れる必要があります。最近の研究では、30分程度を一区切りとして椅子から立ち上がり、耳石を適度に揺らす運動をしたほうがより効果的である、という報告もあります。

操作時間ばかりでなく、モニターと体の位置関係、椅子の高さ、キーボードの位置などの詳しい指導を行っているパソコンメーカーもあります。

近年、パソコンや液晶テレビと目の位置によってストレートバック症候群を引き起こし、頭痛や肩こりの原因となることが指摘されるようになりました。

パソコン操作において、ストレートバック症候群を避けるためには、目とモニター面とをできるだけ離し、モニター面の中心が正座した時の視線の高さと合致するのが理想的です。

そのためには、1m近く目を離してもよく見えるモニターを選択することであり、2Kよりは3K、4K、5Kのモニターを使うことです。

椅子は5本足でひじ掛けが備わっていて、頑丈であることが望まれます。

身体的にストレスとなるような環境でのパソコン操作は、直ちに影響はないものの、次第に身体および精神を蝕み、病に至る場合があります。

十分な対策をとった上で、本書のプログラミングに挑戦するよう警告いたします。

- 本書に掲載されている製品名は、商標登録されているものがあります。
- 各社の商標登録されている製品名は、法によって守られています。
- 本書に掲載した文章、例題、解答例及びドクターズのキャラクターの全ては、蝦名信英の著作です。勝手にコピーしたり他の書物に転用することは、法で禁じられています。
- コピーライト ©Ebina Nobuhide

はじめに

　本書は、筆者をはじめ、数名のFMP（本書では、ファイルメーカープロのPro/Advanvedを略してFMPと書きます）を活用したプログラマの方々の意見や評価によって、吟味されています。

　筆者が想定している読者の皆さんは、研究を主体とする医師や医学研究者、校内学生の成績処理管理やパソコンを使った教材研究に従事している教諭の方々、弁護士、統計処理に従事している研究者、100頭以上の乳牛を飼育・搾乳している酪農家のみなさんや果樹園を営んでいる農家のみなさん、あるいは、少人数で経営している社長やNPO団体の方々に向けて著しました。

　本書はFMPのマニュアル本ではないので、隅から隅まで詳細に記述されてはいません。FMPの機能として存在しているのに、本書に記述がない場合があります。あらかじめご了承ください。

　さらに、本書で掲載している方法以外の手順やスクリプトを使って解決できるいい方法に出会ったり、発見したりすることがあるかもしれません。そのような場合は、メモをとり、自分の技術として蓄積してくださることを願います。

　本書の目的は、FMPを使って問題解決するための極意を伝えることです。そのために必要な技術を紹介しています。

　FMPの機能は、本書を読むだけでは理解できません。本書の例題を何度も解いて、ソラで解くことができるまで練習することが肝要です。

　一方、FMPの機能ばかりでなく、手書きで行う仕事も同時にわかっていなければDBは理解できません。売り掛けや買い掛けの意味がわからないのに、売掛金の消し込みソフトを作ることはできません。粗利計算がわからないのに、見積もりソフトを作るのは無謀というものです。

　日頃行っている手書きの仕事の中で、より効率化を図るためにはどうしたらいいか、という問題意識が、よりよいFMPソリューションを作ります。

　仕事を少しでも効率化しようと、パソコンや表計算ソフトで苦心惨憺してきた読者のみなさんにこそ本書があります。

　　　　　　　　　　　　　平成２９年１月　札幌の事務所にて　筆者記す

> すべての創造行為には、出発と目的がある
> 「模倣と創造」より　by 池田満寿夫

※参考までに、パソコン操作やプログラミングの基礎を学びたい方は「パソコン操作の基礎技能」が同じ出版会社から発売されています。

もくじ

プログラミングと健康被害	ii
はじめに	iii
もくじ	iv
本書の構成	vi
監修のことば	viii
推薦の辞	viii
ドクターズの紹介	viii

第1章　名称と機能　1

§1	ExcelのDB機能	2
§2	Excel to FMP	8
§3	DBの定義	17
§4	ポータル	28
§5	スクリプト	50
	第1章　名称と機能　まとめ	57

第2章　テクニック　59

§1	ナンバリングの練習	60
§2	レコードの追加作法	78
§3	計算式と集計	101
§4	ルックアップと繰り返しフィールド	123
§5	検索作法	150
§6	ポップアップ	174
§7	絞り込みの研究	186
	第2章　テクニック　まとめ	192

第3章　デザイン　193

- §1　オブジェクトの装飾　194
- §2　パートと印刷　216
- §3　キオスクモード　226
- §4　縦書き作法　228

第4章　共有と配布　237

- §1　ランタイムの配布　238
- §2　FileMaker Go　256
- §3　クライアントサーバーの構築法　260
- §4　LANサーバー　270

あとがき　279

ドクターズからの補足説明

- Dr. バベッジ曰く　7
- Dr. チューリング曰く　16
- Dr. バベッジ曰く　58
- Dr. ノイマン曰く　100
- Dr. ツーゼ曰く　149
- Dr. チューリング曰く　171
- Dr. ノイマン曰く　191
- Dr. チューリング曰く　255
- Dr. ノイマン曰く　259
- Dr. バベッジ曰く　269
- Dr. ツーゼ曰く　277

 # 本書の構成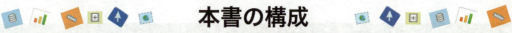

- 本書はステップ学習形式になっています。
- その章が十分理解できているかどうかを試したい場合は、その章の最後にまとめ問題があります。スラスラ回答できる場合は、その章を完全に理解している証になります。その章を飛ばして、次の章をクリアしてください。

第1章　名称と機能

エクセルの操作はある程度できる、という技術水準からスタートしています。エクセルのDB機能を学びながら、FMPの基本的な操作方法を学びます。

同時に、DBならではの用語や画面の部位に精通してください。名称とその働きがわからないうちは、何に挑戦しても徒労に終わります。

何らかのきっかけでDBを手掛けなくてはならなくなった方々への入門です。DBが初めてという方はここからがスタートです。

第2章　テクニック

FMPで実現できる便利技法を紹介します。中には、FMPの定石とでもいうべき手順を紹介しています。

さらに、本書のタイトルにもなった「それはどうやるの？」の正解を列記してあります。すでにFMPを使って問題解決を図ってきたプログラマにとっては、有益な章となるでしょう。

他のDBからFMPに乗り換えるプログラマには、最適な内容です。

→ 第3章　デザイン ← → 第4章　共有と配布

　アドビ社のイラストレータやオブジェクト操作をするドロー系のソフトに長けていて、HPの作成を行った経験者は、取得が早い章になるでしょう。逆に、イラストレータもドロー系も経験がないというプログラマは、絵を描くことが得手不得手に関係なく、履修する必要があります。

　物理的なLANとTCP/IP接続についての経験と技術が必要です。この章で扱ったネットワークの基礎知識が最低ラインと考えて、経験値を上げてください。
　サーバーとwebについての解説は、基礎的な操作に留めています。機会がありましたら、FMPから見たサーバーとwebについて別途執筆したいと思います。

　DBのどこにこだわりをもつか、という視点から見ると、デザインは重要な位置を示しています。

　パソコンを仕事で使うための環境の構築を考えているプログラマやマネージャーに必要な知識と技能です。
　システムを外注に頼って失敗した経験がある企業、団体、少人数経営者には必読の章です。

監修のことば

DB職人が、ファイルメーカープロとともにあらんことを

メディア２１
西門泰洋社長

DBの仕事は、「誰のためにそのソフトを作るのか」という心の問いかけが必要です。

経営者の思想をルール化する仕事を設計とかシステム化といいます。設計やシステム化は、時代や流行に左右され、確固不抜なシステムになることは困難です。

このような変化に対応するためには、短期間でシステムを作り上げることです。簡単にいうと、さっさと作り上げて、使えるかどうか試す。ダメならダメなところを修正する。そして試す。これが理想です。

この理想を叶えてくれるのが、ファイルメーカープロだというわけです。

ファイルメーカープロとそのための経験があれば、他の開発言語よりも早く作ることができます。早く作って、早くにゴールすること。このことがDB職人に求められることです。

かっこいいデザイン、かっこいいプログラムに絶えず関心をもつことも重要です。かっこいいデザイン、かっこいいプログラムに出会ったなら、ファイルメーカープロで再現してみましょう。きっといい訓練になるでしょう。

推薦の辞

ニーチェより、サルトルよりも、Oh! iT

北海道大学
大学院情報科学
研究科教授（情報科学）
小野哲雄博士

九九、筆算、そろばん、簿記……、人類は計算することで問題解決ができることを発見してきました。

一方、問題解決には人類だけが味わうことのできる快感があることがわかっていました。

さらに、歴史は、複雑怪奇な計算を機械によってオートマチックにできることを証明してきました。

最初は、父親の計算を助けようとして作った少年時代のパスカルです。おそらく彼こそが、オートマチックによる人類の新しい快感を得た最初の人物だったかもしれません。

パスカル後は、数学を記号化することで、世界共通語ができると考えたドイツのライプニッツです。彼が発明した歯車式の計算機は、彼の死後ずいぶんと進化し、計算機の普及と同時に「自動計算の快」を世界中に広めることとなりました。

その後、コンピュータの頭脳部であるCPUの源を作った英国のバベッジに受け継がれ、ガウス、ニュートンらが発見した多くの自動計算の手順をプログラムすることで、コンピュータを進化させることができました。つまり離散数学の始まりです。

「自動計算の快」は、現代においてはプログラミングばかりでなく、パソコン操作、ネットワークの構築に引き継がれています。その証拠に、DBを用いた各種業務計算や膨大な過去データからの検索をするソリューションの製作は、確実に「自動計算の快」を伴うことで、理解できるでしょう。

つまり、人に役立つプログラミンを作れば作るほど、この快は持続し、歴史的天才たちが味わってきたであろう高揚感を超越することが実感できます。

一人でも多く「自動計算の快」を得ることを願って、この本を推薦します。

ドクターズの紹介

多くのデータベース・プログラマのみなさんからご協力をいただきました。ご協力いただいたみなさんのアドバイスを、下記の登場人物に託してコメントしました。

Dr. バベッジ

インフラとして電気がなかった時代に、歯車だけでコンピュータを考えた人物。本編では、長くDBプログラミングの経験がある皆さんの代表として書いてあります。

Dr. ノイマン

データとプログラムをメモリ上に書き込むことで、現代コンピュータを仲間と考案し、それをノイマン式コンピュータといいます。本編では、システムエンジニアとしての観点からご指摘してくださったことを代表して書いてあります。

Dr. チューリング

自らチューリングマシンを考案し、電気を使った現実的なコンピュータを作りました。しかし第二次世界大戦中のことだったので、暗号解読器が彼のコンピュータ第1号となりました。インターフェースやファームウェアの実績があるプログラマからの助言です。

Dr. ツーゼ

真空管ではなく、ダイオードを使った現実的なコンピュータを発明した人物。本編では、スーパーアドバイザーとして助言しています。

第1章 名称と機能

　FMPであれ何であれ、開発ツールというものは編集のための機能が実に豊富です。そのため、初めて使う人には、旅客機のコックピットのようにあまりにたくさんの計器と操作ボタンが並んでいて、手がつけられないように見えます。

　また、1つのことを実現するための手順が煩雑で手に負えない、という気持ちになるのが普通です。それは、DBを構築するためのテクニックのせいではなく、見栄えという装飾のためのツールが多いためです。

　この章では、FMPを使ってDBを構築するための機能にスポットを当て、Excelが持っているDB機能と比較しながらFMPの部位の名称と機能を解説します。

　もしも、読者の方が、すでにFMPについての知識が豊富で、FMPの部位と機能を熟知している場合は、セクション1の「ExcelのDB機能」の例題を確認した後、他のセクションを無視して第2章に飛んでもかまいません。

§1 ExcelのDB機能

ExcelとFMPとには、密接な関係があります。

それは、表計算ソフト（SpreadSheet）がパソコンに搭載されるようになってから、今日までずっとテーマになってきたことだからです。

裏を返すと、FMPの履修は、BASIC言語ばかりでなくExcelのDB機能を熟知する必要があることがわかるでしょう。FMPには、ExcelのDB機能で実現できなかったことをFMPが代わって実現できるように設計されています。

ExcelのDB機能とFMPがわかれば、課題解決のためのバリエーションがさらに強化されます。

ExcelのDB機能を解説するための課題

経費データが入力されたシート

図のように、A列には日付、B列には勘定科目、C列には金額が入力されている経費のシートがあります。

これを、勘定科目別に合計金額を算出する手順を示します。手順に従って下記のような集計を完成します。

練習用のデータは、CSV形式でも下記のところにアップしてありますので、ダウンロードして解凍し、Excelでオープンしたら、Excelのフォーマットに変換してから利用してください。

URL　http://www.it-study.biz/FMP/data.zip/

勘定科目別の集計

金額	勘定科目	金額		
>0	営業交通費	1,750,625		
	会議費	45,768		
	工具器具備品	62,695		
	支払手数料	16,318		
	地代家賃	584,150		
	図書費	58,771		
	役員報酬	2,969,800		
	諸会費	180,000		
	研究開発費	6,259		
	通信費	227,146		
	車両費	21,711		
	賃借料	41,265		
	給与	966,928		
	事務用品費	22,878		
	荷造運賃	15,995		
	保険料	35,250		

§1 Excel の DB 機能

手順 データの範囲指定を行い、DB の定義を行います。

[1] 下図のように横に画面分割を行い、データの最終セルが見えるようにします。
[2] 項目名である「日付」**A1** を選択し、Shift キーを押して分割してできた下画面をスクロールし、最終セル **C406** をクリックし、データ全体を範囲指定したままにします。
[3] メニューのタブ「数式」を選択し、「名前の定義」を選択します。

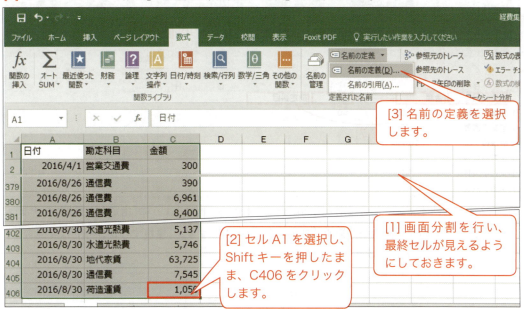

[4] 「新しい名前」の名前のフィールドに「経費 DB」と入力します（任意）。
[5] 範囲を「データ」（シートの名前）に合わせ、参照範囲に間違いがないか確認します。もし、範囲が間違っていたなら、半角英数で範囲をキーボードから指定してください。

[6] **C1**の「金額」をコピーして**E1**にペーストします。**E2**には半角英数で>0と入力します。

[7] **B1**の「勘定科目」をコピーして**F1**にペーストします。

[8] メニュータブ「データ」の「フィルター」の「詳細設定」を選択します。

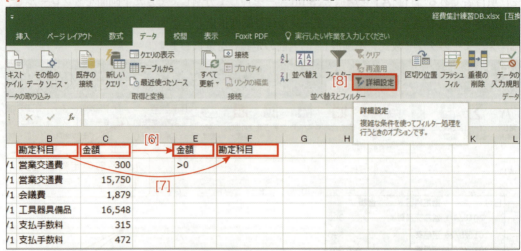

[9] 「フィルターオプションの設定」画面が表示されたら、下図のように「指定した範囲」をチェックし「リスト範囲」「検索条件範囲」「抽出範囲」を入力します。「重複するレコードは無視する」をチェックしてOKをクリックします。

[9]の結果：勘定科目に重複がない科目名が並んだら成功です。

[10] 勘定科目のトップの項目（この場合は「営業交通費」）の集計値を算出します。**G1** に「金額」と入力するか、コピー＆ペーストして貼付けます。

G2 を選択し、半角英数の＝を入れ、「DSUM(」まで入力します。名前定義で定義した「経費DB」を入力しカンマ「,」で区切って、半角英数で「**G1**，**E1:F2**）」と入力するか、マウスを使ってセル位置を入力します。キーボードを使って直接入力しても同じです。

[11] エラーなく「営業交通費」が算出されたなら、今度は **F2** から **G21** までを選択します（表示された勘定科目の最後のセルまで）。

[12] メニュータブ「データ」の「What-If 分析」を選択し、「データテーブル」を選択します。

[13] 「データテーブル」画面が表示されたら、「列の代入セル」のフィールドを選択し、**F2**（営業交通）をクリックし OK します。

抽出成功

【DB 機能を使って何に成功したのか】
1. DB から重複のない科目を抽出した。
2. 抽出した科目ごとの合計値を連続データのように算出した。
3. DB 側のデータが変化すると、これに伴って合計値が変化するように連動している。

ドクターズからの補足説明

Dr. バベッジ曰く

　Excel は、DB 向けの関数として DSUM の他に、DCOUNT など算出する計算式に D を付けて、SUM や COUNT 関数と区別できるようにしています。

　Excel のピボットでも同じように抽出できますが、DB 機能と決定的に異なるのは、DSUM による集計が、データ部の値（金額）が変化するのに伴って合計値が計算されることにあります。つまり、データと集計値が連動しているわけです。

　Excel の DB 機能を使う上でのルールは、日付、勘定科目、金額といった最初の行は DB の項目として使うことです。項目名に同じ名前があると DB としては利用できません。例えば、日付、勘定科目、金額、日付というように DB 範囲のトップの行（項目名）に同じ名称のものがある場合は、上手くいきません。

　and と or もできます。

　「金額」の条件が　金額＞0 で、かつ、日付が 2016/6/20 より後のデータからというような場合は、本編 4 ページに記述した [6] から [9] までを次のように変更して使います。

C	D	E	F	G
金額	日付	金額	勘定科目	金額
300	>2016/6/20	>0	営業交通費	965,891
15,750			会議費	31,971
1,879			工具器具備品	28,077
16,548			支払手数料	8,081
315			地代家賃	191,175
472			図書費	22,876
472			役員報酬	1,500,000
63,725			諸会費	54,000

　D1 に「日付」項目を作り、D2 に条件式を入れ＞ 2016/6/20 とします。つまり、抽出の and 条件は、横に並べて指定します。条件式を指定する時は、項目を複数にしてもかまいません。金額が 10000 以上 50000 未満の場合は、D1 と E1 に金額と入れ、D2 には＞＝ 10000 を、E2 には＜ 50000 と入力します。

　次に DSUM の式を直します。

　例題のままだと数式は、
＝ DSUM (経費 DB , G1 , E1 : F2)　でしたが、and の条件が 1 つ増えたので、
＝ DSUM (経費 DB , G1 , D1 : F2)　と書き換えます。

　or 条件を作る場合は、条件式の下のセルに書きます。その場合は、項目を入れて 3 行になるので、データテーブルを使うことができません。

　Excel の DB 機能は ver2.2 からリリースされていますので、MacOS 版や古い Excel であっても正しく計算します。

　FoxBASE や FMP が出現する前までの DB の考え方は、項目付きのデータが 1 行を 1 レコードとして流し込み、これを DB として定義して DB 関数を使ってソートや抽出を行うことを目的としていました。このように、どこからかデータを引き出して、Excel 上で条件設定を行って抽出するという方法は、現在の Excel や Access に引き継がれ今日に至っています。

§2 Excel to FMP

いろいろな意味でプログラマは、Excel を始めとする表計算ソフト（カルク、スプレッドシート）に馴染んでおく必要があります。BASIC 言語やアルゴリズムの知識は必須ですが、DB を操作するプログラムを履修するためには表計算ソフトや Excel の知識が必要です。

表計算ソフトの名称と DB 用語との対応

経費データが入力されたシート

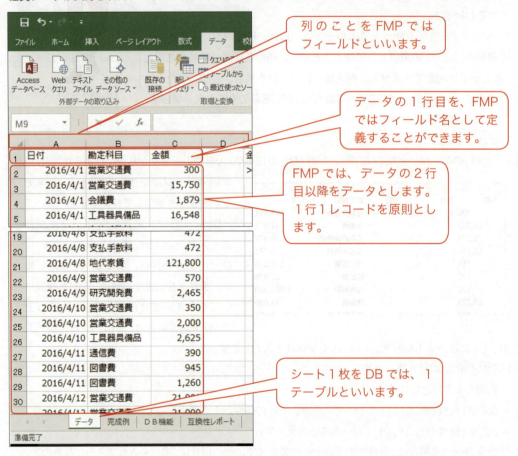

表のデータは、DB では列ごとに登録（記録・格納ともいいます）されます。

一方、表のデータは、列と列の境目は tab 記号やカンマ , 記号で区切られ、改行記号（return 記号）によって改行されています。tab またはカンマ、改行記号によって並べられる文字列のことを**テキスト**とか**テキストデータ**といい、拡張子は .txt や .csv を使います。

Excel などの表計算ソフトで作成したデータ（シート）を FMP に変換して取り込むことを、**インポート**といいます。反対に、FMP 側から Excel などの表計算ソフトに適合したデータを書き出すことを**エクスポート**といいます。

インポート／エクスポートする時には、テキストのルールを合わせる必要があります。

§2 Excel to FMP

一方、FMP の基本はカードです。**カード型データベース**といいます。

1枚のカードを**1レコード**といい、カードの塊を**テーブル**といいます。FMP では、テーブルを束ねているのが**ファイル**または**ソリューション**という言い方をします。

1枚のカードの中にいくつかのフィールドがあって、フィールドにデータが格納されている、というイメージをもちます。

1枚のカードのどの位置にフィールドを置くか、というのはレイアウトの仕事です。また、カードのデザインを担当するレイアウトモード、データを入力したり編集したりするブラウズモードというように、FMP はモードというチャンネルを持っています。チャンネル間では、互いに素の関係になっていて、データそのものの変換やカード（レコードの追加削除）はブラウズモードではできますが、レイアウトモードでデータの追加や削除はできません。

FMP はカード型を基本としていますが、一覧や表にレイアウト変更して表示することができます。

一時的に大量データを集計するような場合は、FMP よりは Excel の DB 機能を使った方がいいようです。つまり、統計処理を含めた一過性の集計は、FMP よりは Excel に軍配が上がります。

FMP の場合は、カード型であることを活かして、毎日更新して蓄積するような書類を DB 化するのに優れています。患者のカルテ管理や見積もり、納品、請求書などの伝票、備品管理や什器などの貸し出し管理は、表計算ソフトでは無理があります。

経費データを使って FMP にデータを取り込み、カード型 DB の特徴を理解することにしましょう。

Excel の経費データから FMP の新規ソリューションの作成

デスクトップ上にセクション1で使った Excel のファイルがそのままあるとします（A 列には日付、B 列には勘定科目、C 列には金額が入力されている経費のシート）。

これを FMP を使ってオープンし、FMP ソリューションに変換する手順を解説しながら、メニューとツールを説明します。

表形式のソフトで作成したファイルならば、だいたい同じような手順で FMP のソリューションファイルに変換することができます。

ポイントは、このセクションの冒頭にも書いたように、表計算でいう SpreadSheet は、A 列に日付、B 列に勘定科目、C 列に金額が入力されていれば何でもよく、OpenOffice のカルク、アップル社の Numbers でも同じですが、上手くいかない時は、csv に変換したものを FMP に読み込んでソリューションファイルにするのがいいでしょう。

> **手　順**　タブ・キャリッジのテキストファイルを FMP に変換する。

[1] 元となるファイル（デスクトップの「経理集計練習 DB.xlsx」ファイル）の位置を確認します。

[2] FMP を起動します（下図）。

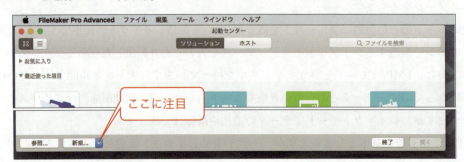

デフォルトでは、上図のように「起動センター」が表示されます。もし FMP がデフォルト状態でなく、上図のような「起動センター」が表示されないようになっている場合は、15 ページにある「手順2」の「起動センター画面を使わずに、タブ・キャリッジのテキストファイルを FMP に変換する。」を参照してください。

[3] 起動センターの画面下にある「新規 ....」のポップアップメニューをクリックして出し、「既存から新規作成 ...」を選択します。

[4] どのファイルを変換するのか聞いてくる画面が表示されます（下図）。ファイルがたくさんあって見つけにくい時は、ファイルフォーマットを指定して、ターゲットファイルを選択し「開く」をクリックします。

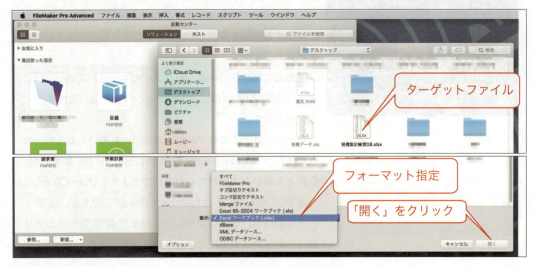

§2 Excel to FMP

[5]「Excel データを指定」画面が出たら、「ワークシートを表示」にチェックを入れ、シートの中の「データ」を選択し「続行...」をクリックします。

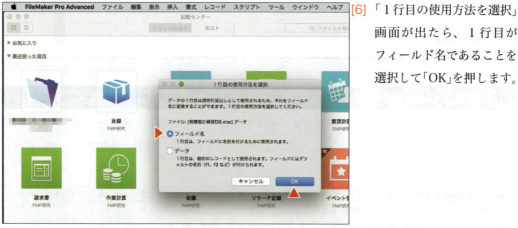

[6]「1 行目の使用方法を選択」画面が出たら、1 行目がフィールド名であることを選択して「OK」を押します。

[7] 次に FMP は、変換したソリューションファイルのファイル名を聞いてきますので、「経費DB」としておきます（拡張子 .fmp12 は、自動的に作成されます）。

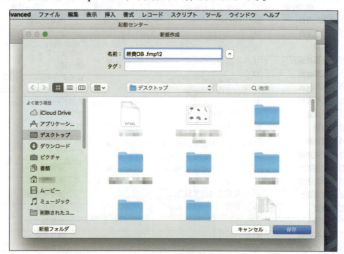

[8] 変換に成功すると下図のようになります。FMP側では、ブラウズモードの一覧表示になっています。FMPのDBには不要な列も変換してしまいました。そこで、不要な列（フィールド）を削除することにします。

不要なフィールドの削除

[1] 自動的にできたFMPの中に不要なフィールドが混じって変換した場合は、フィールドを削除すれば消えます。そのためには、メニューのファイルから「管理」を選択し「データベース ....」を選択します。

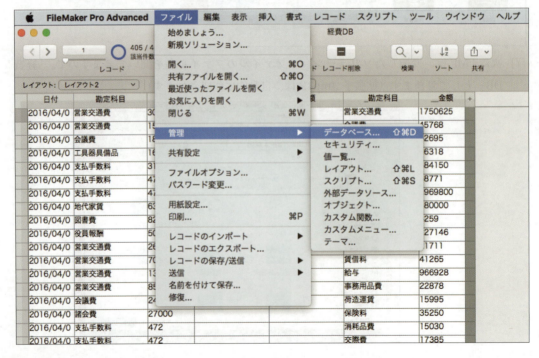

[2]　「『経費DB』のデータベースの管理」画面がでたら、タブの「フィールド」を選択し、フィールド一覧を出します。不要な「f4」を選択したら、キーボードのShiftキーを押したまま次の「_金額」「_勘定科目」「__金額」のフィールドをマウスで選択し、「削除」を押して不要なフィールドを消します。キーボード操作に慣れていない場合は、1つ1つ選択して「削除」してください。

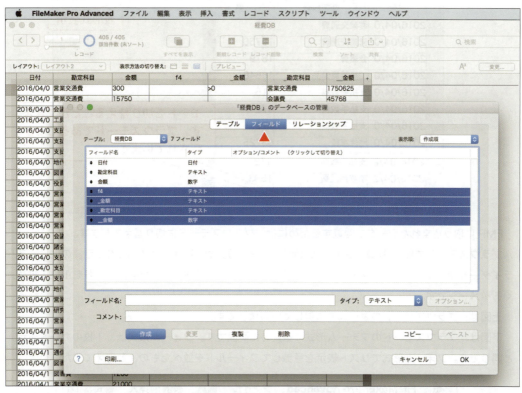

[3]　削除の確認をして「削除」をクリック。OKでブラウズモードに戻ります。

変換成功

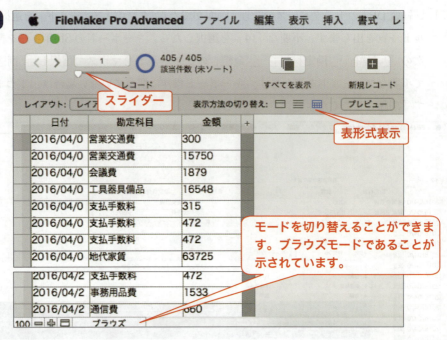

FMPに取り込まれたデータを閲覧するためには、ブラウズモードに切り替えて見ます。

ブラウズモードでは、「レコードの追加（新規レコード）」や「削除」、「すべてを表示」の他に、スライダーを使って、カードをめくることができます。「＜」や「＞」ボタンは、カードを1枚1枚めくるイメージです。

上図は、ブラウズモードの表形式で閲覧している様子です。

下図は、ブラウズモードのフォーム形式に指定した画面です。フォーム形式は、1枚のカード表示と同じです。フォーム形式でリスト表示を意識してフィールドを並べたもの、と考えてください。

下図は、ブラウズモードのリスト形式に指定した画面です。
選択されている行の配色が変わっています。

手順 2 起動センター画面を使わずに、タブ・キャリッジのテキストファイルを FMP に変換する。

[1] FMP を起動します。

[2] メニューのファイルから「始めましょう....」を選択します。下図のような「FileMaker 始めましょう」の画面が出たら、「ファイルの選択」ボタンをクリックします。

[3] 10 ページの「手順」で示した [4] と同じ手続きになります。

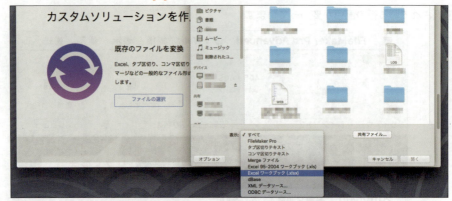

ドクターズからの補足説明

　エクセルのファイルを FMP でダイレクトに呼び込むと、テーブル定義とフィールド定義の作業がショートカットできます。

　フィールドの型の細かな設定まで判断します。

　上手くいかない時は、次のセクションで解説されているように、フィールドを個別に定義する必要があります。

　呼び込むファイル形式は、csv などのダブ・キャリッジリターン形式の他にも、エクセルの古いバージョンや今のバージョンの他に、dBase ファイル、XML データソース形式のデータファイル、ODBC を通過してくるデータファイルも呼び込むことができます。

　FMP のこの性質を活かして、フィールド設計をする時は下記のように

Dr. チューリング曰く

いったんエクセルなどで設計して検討し、ダミーデータを加えて、コピー＆ペーストして作ります。このとき、ペーストは「形式を選択してペースト」を使い、行と列を変換し、1 行目は項目、2 行目はデータにして変換するといくつかの行程を略することができます。

　　　　　　　　　　　　　　　1 行目がフィールド名（項目）2 行目以降がデータのようになっているなら、これで完成です。このシートを FMP で読み込ませ、フィールド定義を省略する、という作戦は成功するでしょう。

§3　DBの定義

　FMPは、他のDBと異なってカード型DBであるため、他のDBでいう用語や名称に違いがあります。カード型でないDBの概念をFMPに持ち込んでも、よいFMPソリューションは完成しません。たとえ上手く稼働したとしても、以後の修正ができません。つまり、作った本人以外に説明ができないソリューションとなってしまって、新しく作るにしてもドキュメントがない状態に等しい悲惨な事態となります。

　このセクションでは、カード型であることを原則としたFMPの部位と名称を確認しながら解説します。

FMPの部位と名称を解説するための課題

　FMPのソリューションファイルを新規に作成し、日付、勘定科目、金額の3つのフィールドを作成し、Excelデータからデータをインポートし、セクション2の例題の解と同じ結果のものを作ります。ソリューション名は「経費DB2」とします。

手順 1　FMPを起動し、新規にソリューションを作成します。

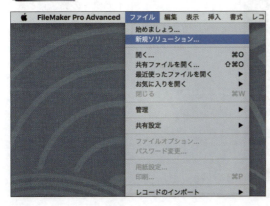

　FMPを起動し、メニューのファイルから「新規ソリューション….」を選択したなら、他のアプリケーションの新規ファイルと同じく、新規ソリューションファイルが生成されます。

　この場合、ソリューション名は、そのままテーブル名となって生成されることを念頭に置きます。

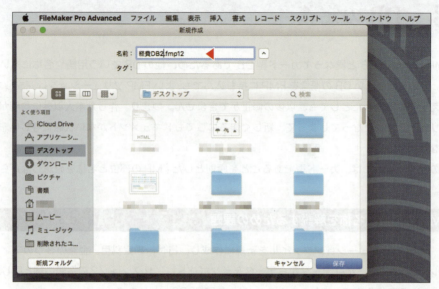

　名前は「経費DB2」ですから、その通りに入力してみます。拡張子は.fmp12であることが特に重要です。保存する場所を指定することを**ルート**といいます。「新規フォルダ」ボタンを使って、フォルダに保管することもできます。

　このようなファイル操作のことを**ドライブ**とか、**ファイルドライブ**といいます。

用法：Aさん「どこにファイルが行ったかわからないのですが…。」

　　　Bさん「ルートをメールで送るので、Cドライブに変更して探してください。」

というように使います。

　次に「保存」をクリックすると、すぐにレイアウトモードが開きます。

新規でソリューションを作成すると、レイアウトモードでソリューションをオープンします。ブラウズモードに切り替えるには、3つの方法があります。

1つ目は、メニューの「表示」から「ブラウズモード ⌘B」（MacOS：キーボード⌘を押したままBキー）を選択する方法です。

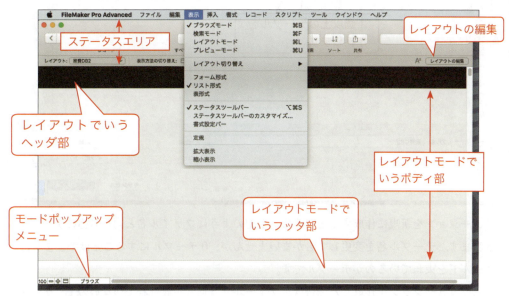

2つ目は、画面左下にあるモードポップアップメニューをクリックして「ブラウズ」を選択する方法。3つ目は画面右上にある「レイアウトの終了」ボタンをクリックして「レイアウトの編集」に切り変える方法の3種類です。

合わせて、レイアウトモードでいうヘッダ、ボディ、フッタとステータスエリア（バー）の場所を確認しておきましょう。

手順 2　テーブルとフィールドの定義

ソリューションにテーブルとフィールドの追加、削除などの編集を行います。これを**定義**といいます。定義は、メニューの**ファイル > 管理 ▶ データベース...**（Shift ⌘D）にあります。

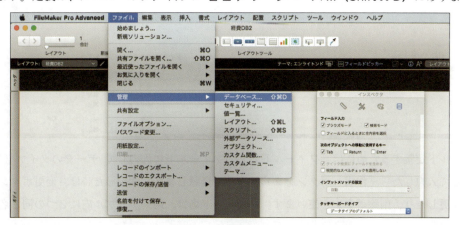

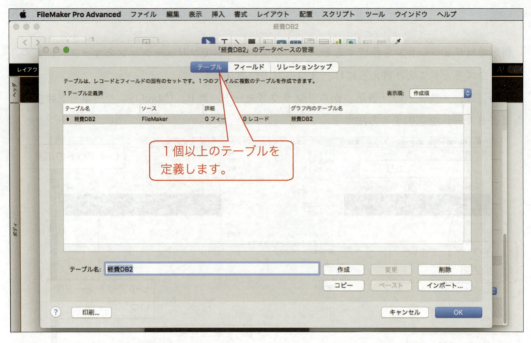

　ソリューションを新規に作成すると同時に、上記のようにファイル名と同じ名称のテーブルが生成されます。テーブル名を変更してもかまいませんが、0テーブルにすることはできません。
　フィールドを束ねているのがテーブルです。
　新規にソリューションを作成した場合は、フィールドは何も定義されていないので、デフォルトでは0フィールドの状態になっています。

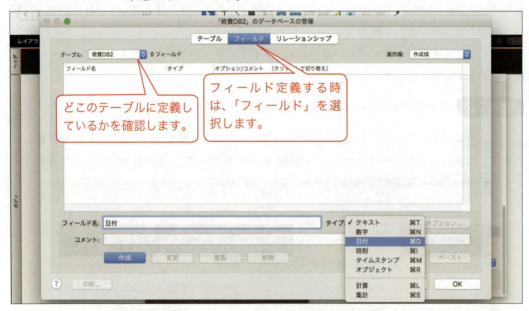

　フィールド定義するためには、「フィールド名」のフィールドに入力して、データのタイプ（型）を選択して入力したら「作成」ボタンをクリックして登録します。間違った時は、変更ボタンを使って変更したり、削除ボタンを使います。フィールド名は、同一テーブル内に2つの同じ名称

のものを作ることはできません。原則として、テーブル名とフィールド名は、先頭に半角の数値や記号を使うことをしないようになっていますが、全角は許されているので、例えば、

　　住所：郵便番号　　　住所｜都道府県名

のように2バイトの：や｜で仕切ることで名称をグループ化する工夫ができます。

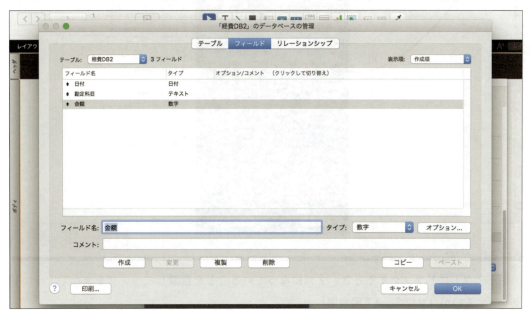

　日付、勘定科目、金額の3つのフィールドを定義することができたら「OK」をクリックしてフィールド定義を終了します。

手順 3 定義したフィールドをレイアウトに貼付ける

　1つ以上のフィールド定義があれば、テーブル名と同じ名称のレイアウト画面ができています。

　作成したフィールドをレイアウトするためには、[1] テーブル名と同じレイアウトモードにします。
[2]「フィールドピッカー」を選択します。
[3]「ドラッグオプション」を開いて、[4] フィールド配置と [5] ラベルをセットします。
[6] フィールドピッカーのフィールド名を Shift キーなどを使って選択し、[7] レイアウトにドラッグして貼付けます。

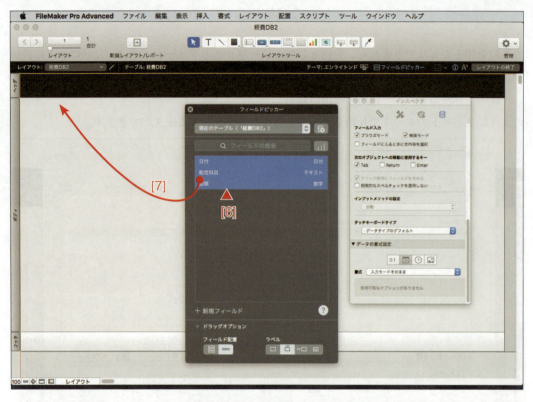

レイアウトにドラッグするとき、2列になっていることを意識してヘッダをまたぐようにドラッグするのがコツです。(下図参照)

上手くいくと下図のような配置をします。失敗した場合は、フィールドとラベルをドラッグするなどして配置します。配置したフィールドが、ヘッダとボディの境界に少しでもかかっていたり、またいでいたりする時はエラーになります。

[8] レイアウトを保存してブラウズにするためには、「レイアウトの終了」をクリックします。

§3 DB の定義

レイアウトの保存を聞いてくるので、「保存」をクリックしてブラウズに切り替えます。
ブラウズモードに切り替えると、空っぽ（0 レコード）の画面が表示されます（下図）。

手順 4 データをインポートしてリスト表示する

データをリスト表示するためには、[1] ヘッダに項目名を固定して、ボディを 1 行表示にするために狭くします。

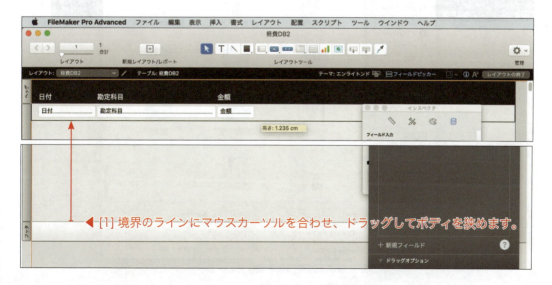

◀ [1] 境界のラインにマウスカーソルを合わせ、ドラッグしてボディを狭めます。

　上図のようにボディを狭めることに成功したら、「レイアウトの終了」をクリックしてレイアウトを保存し、ブラウズに戻って、[2] メニューのファイル > レコードのインポート ▶ ファイル... を選択します。

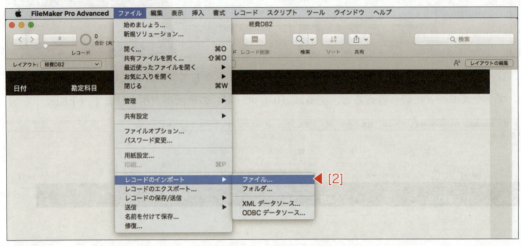

すると、どのファイルからインポートするのか聞いてきます。

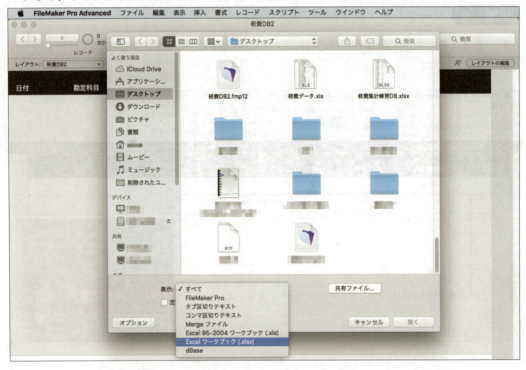

§3 DB の定義

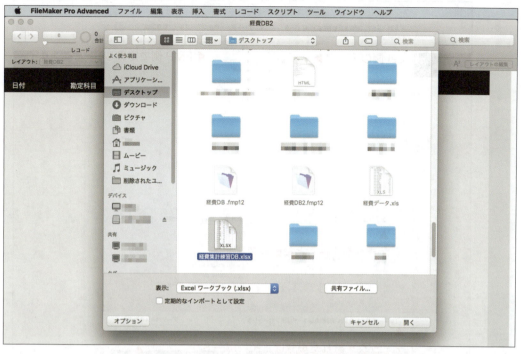

表示で Excel ファイルを指定するなどしてファイルを見つけたら、「開く」をクリックします。

　FMP はインポートファイルが Excel だとわかると、Excel のシート名を表示して下記のような指定を要求してきます。この場合は、[1]「シート名:データ」のデータをインポートするので、下記のような指定をして [2]「続行...」のボタンをクリックします。

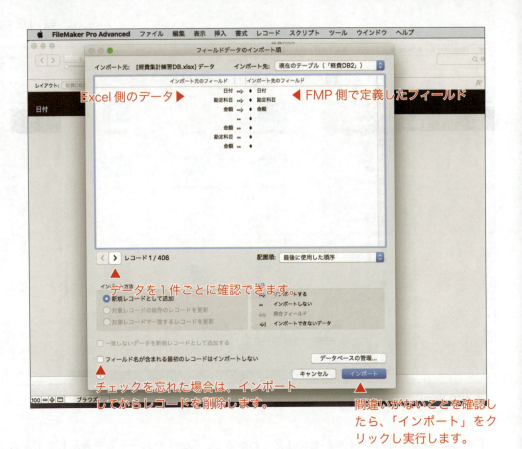

「フィールドデータのインポート順」の画面を駆使して、以後インポート作業をすることになります。

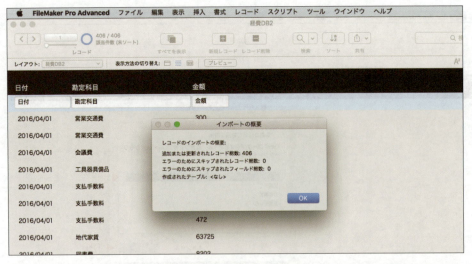

インポートが成功すると、インポートした件数などが表示され「OK」で取り込みが終了になります。インポートが失敗したら、メニュー > レコード > レコード削除 を選んで、インポートしたレコードを消して再びインポートします。

§3 DB の定義

データのある FMP の部位と名称とスクリプト命令：ブラウズモード

で囲まれている中の文がスクリプト命令文です。スクリプトを作成する時にイメージするブラウザの部位を確認しておきましょう。

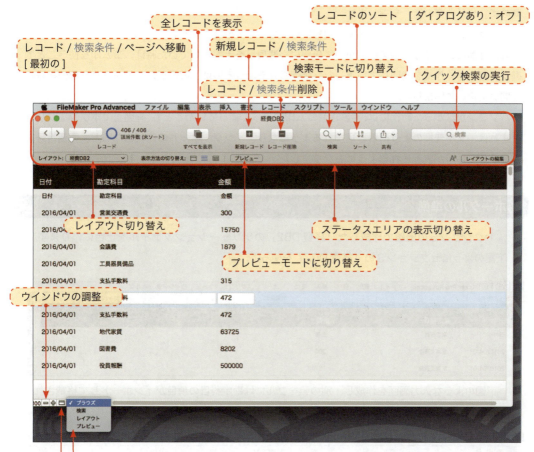

フィールドをクリックすると、リストのように選択肢を表示することを**ポップアップ**といいます。現在のモードを示しながら選択できるようになっています。スクリプトは、レイアウトとプレビューに命令を送ることはできません。スクリプト命令は、ブラウズと検索についてのみ有効です。

ステータスエリアの有無を切り替えます。下図がステータスエリアなしのブラウズ画面です。「なし」の場合は、メニュー操作するか、プログラマがステータスエリアにあるボタン類を作成する必要があります。

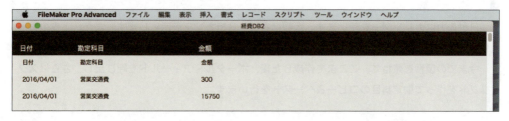

§4 ポータル

FMP が持っている機能の中で、他の DB の追随を許さないのがポータルとスクリプトです。
ポータルを理解すれば、アイディアによっていろいろなことに使えます。
ポータルを簡単に説明すると、テーブルのダミー、クローンをいいます。忍者でいえば「忍法写し身の術」や「分身の術」を指します。
このセクションでは、ポータルを入力補助の 1 つとして紹介します。
入力補助というのは、例えば、かつて伝票に経費項目を手書きしていた時は、ゴム印を使うことで勘定科目を書く作業を補助していました。郵便番号を調べる時は、郵便局から配布された郵便番号帳を開いて書いていました。
パソコンがなかった時代には、手書きやゴム印によって補っていたことも、画面上でボタンをクリックすれば、文字変換のように書き込まれるようになり、インターネットの時代になると、郵便番号を入力すると住所が表示されるようにもなりました。
このように、仕事を効率化することを目的とする機能を入力補助といいます。

ポータルの準備

セクション 3 の例題で作成した「経費 DB2」のソリューションファイルを土台に作ります。下記のようにセクション 3 の「経費 DB2」を使って、

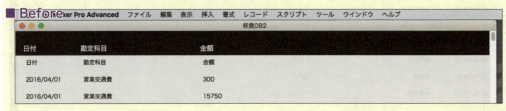

下図のような入力画面を作成し、別のテーブルには勘定科目の項目がインポートして格納されるようにします。

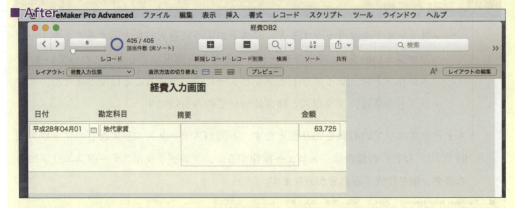

日付入力はカレンダーを使います。金額は右寄り 3 桁カンマ表示にします。また、1 枚のカードの配色やフィールドのデザインを「テーマ」を使って変えます。
今までの復習を兼ねて、ここまで作成した後、ポータル・フィールドを呼び出し、さらにスクリプトを作って勘定科目のコピー&ペーストを行います。

復習：テーブルを追加して、そのテーブルに勘定科目をインポート

　表計算ソフトなら何でもよいのですが、今度は、下図のようにNumbers09を使って勘定科目を作ります。A列はよく使う順にナンバリングしました。B列は勘定科目名、C列はその勘定科目の説明文です。

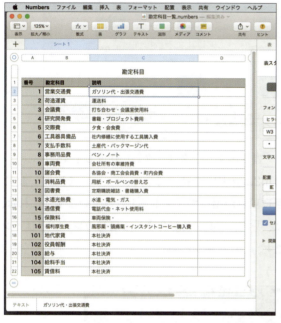

　セクション1で抽出した勘定科目一覧を選択し、コピーして別のシートに貼付けて作成すると簡単です。

　会社や団体によって使う科目が違うので、追加するなどの編集をすると尚よいでしょう。

　よく使う順に数字でナンバリングするところが重要です。科目の説明はなくてもいいですが、実際には、もっと具体的に説明をすることが多く、例えば、ガソリン代や運送料は、契約しているガソリンスタンド名や輸送会社を指定する事項が書かれます。

　完成したら、いったん保存するなどしてバックアップを取り、Numbers09の場合は、メニューの**ファイル** > **書き出す** ▶ **CSV...** を指定します。

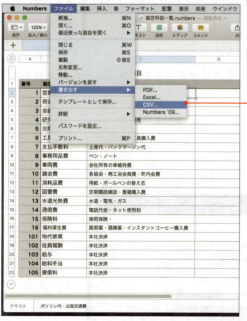

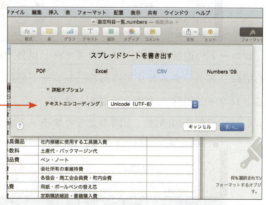

　Numbers09では、「テキストエンコーディング」を、Unicode(UTF-8) 通称ユニコードエイトにセットして「次へ...」をクリックします。

§4　ポータル

第1章　名称と機能

29

上図のように、ファイル名に名称を入れて「書き出す」をクリックし、作成します。

csvファイルが完成したら、FMPの「経費DB2.fmp12」を持ってきて、テーブルを追加します。

「経費DB2.fmp12」を起動すると、1行目に項目が誤ってインポートされています。これは、前のセクションでインポート設定をする時に、「フィールド名が含まれる最初のレコードはインポートしない」にチェックしなかったためです。(26ページ参照)

この機会にレコードを削除しておきましょう。

レコードの追加削除は、ブラウズモード以外で行うことはできません。レコードを削除するためには、ステータスエリアにある「レコード削除」をクリックするか、メニューのレコードにある「レコード削除...⌘E」を選択します。

レコード削除の時は、下図のようなアラートが出て一度確認があります。

フィールド定義が終了したら OK をクリックして、ブラウズモードの画面に戻ります。
下図のように、レイアウトの「科目一覧」に切り替えます。

テーブルが「科目一覧」に切り替り、レイアウトも切り替わったことを確認したら、メニューのファイル > レコードのインポート ▶ ファイル .... を選択します。

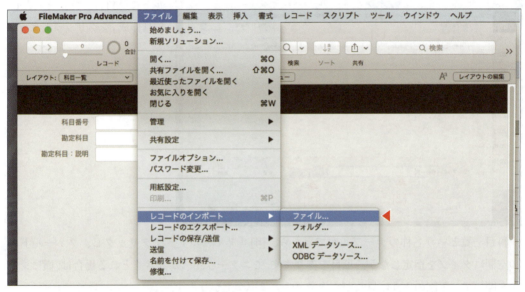

csv に変換したファイルを見つけて「開く」をクリックし、インポートします。

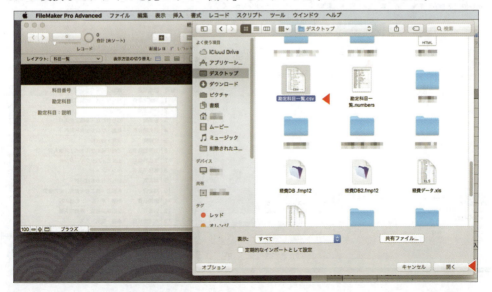

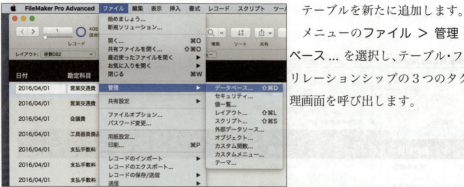

テーブルを新たに追加します。

メニューの**ファイル > 管理 ▶ データベース...** を選択し、テーブル・フィールド・リレーションシップの３つのタグがある管理画面を呼び出します。

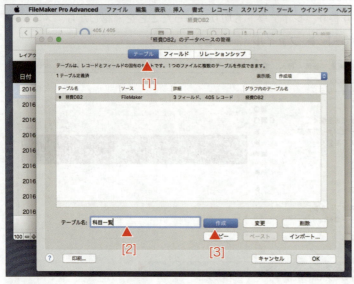

[1]「テーブル」を選択し、
[2]「テーブル名」のフィールドに「科目一覧」を入力し
[3]「作成」をクリックします。

科目一覧という名称のテーブルができたら、[4]「フィールド」をクリックし、フィールド名の空欄にタイプを指定しながら項目を作ります。モニターサイズが大きくとれる場合は、横にシートを開いて、下図のように見ながら作業すると効率が上がります。

インポート画面では、文字セットをユニコードエイト（Unicode(UFT-8)）にセットします（下図参照）。

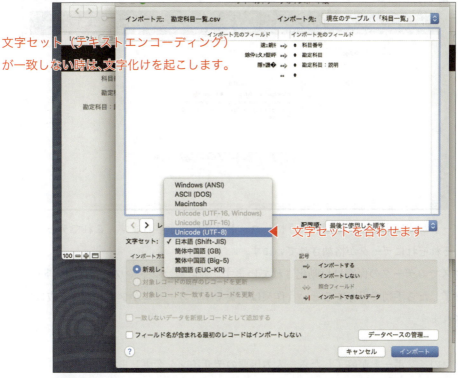

文字セット（テキストエンコーディング）が一致しない時は、文字化けを起こします。

文字セットを合わせます

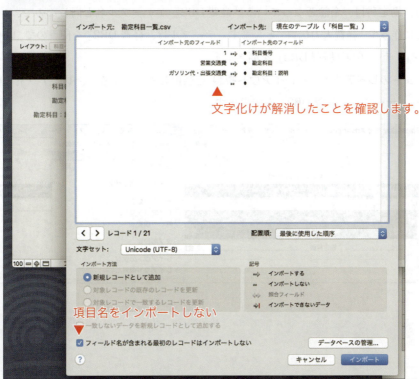

文字化けが解消したことを確認します。

項目名をインポートしない

インポートが成功すると、上図のようにレコード件数が表示されます。これでテーブルは2つ完成し、それぞれにデータが格納されています。

ブラウズでのデータの保存は自動化されています。表計算ソフトやワープロソフトのように、作業が終了したら手動で保存するという作業は不要です。カーソルがフィールドを抜け出すたびに保存されます。

勘定科目のインポートが終了したら、入力伝票のデザインを変更します。

日付、勘定科目、金額となっている「経費DB2」がテーブル名と同じなので、レイアウト名を新たに作って「経費入力伝票」とします。テーブルは、「経費DB2」を使うので、レイアウト「経費DB2」、テーブル「経費DB2」を開きます。

メニューのレイアウト > レイアウト複製 を選択します。すると、レイアウト「経費DB2のコピー」、テーブル「経費DB2」ができます。

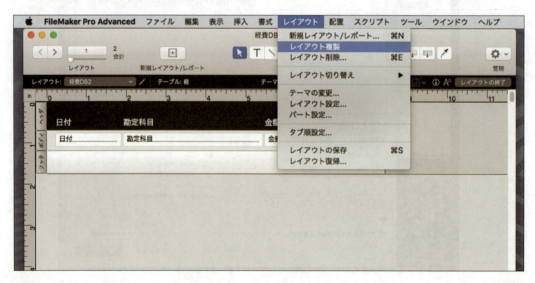

§4 ポータル

レイアウトの複製を使うと、新たにフィールドを配置しなくてもいいので効率的です。

複製ができたことを確認できたら、 をクリックするか、メニューのレイアウト > レイアウト設定 ... を選択します。

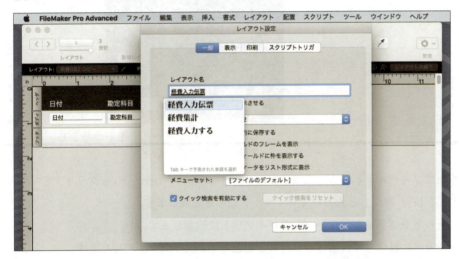

レイアウト設定を使ってレイアウト名を「経費入力伝票」と入力して、複製したレイアウトの名称を変更します。

今までのことをまとめると、現段階では、ソリューション「経費 DB2」には 2 つのテーブルがあって、レイアウトは合計 3 つあります。そのうち、テーブル「経費 DB2」には「経費 DB2」という名称のレイアウトと「経費入力伝票」というレイアウトがあります。

もう一つのテーブルは「科目一覧」という名称で、「科目一覧」という名称のレイアウトを持っています。

データは、テーブルのフィールドに即して格納されます。データの入力（登録）と表示（出力）は、レイアウトでデザインされたフィールド位置に即して表示されます。

次に、テーブル「経費 DB2」のフィールドを追加します。管理のフィールド定義を使っても追加できますが、今回は「レイアウト」画面を使ってフィールドを追加するためには、フィールドピッカーを使います。

レイアウトでフィールドピッカーを表示したら、[1]「＋新規フィールド」をクリックしてフィールドを増やし、[2]「摘要」と入力してフィールド追加を完成します。

摘要フィールドをボディにドラッグしてレイアウトに追加します。

項目名をヘッダに移動して、書体のサイズと配色をインスペクタで変更します。

§4 ポータル

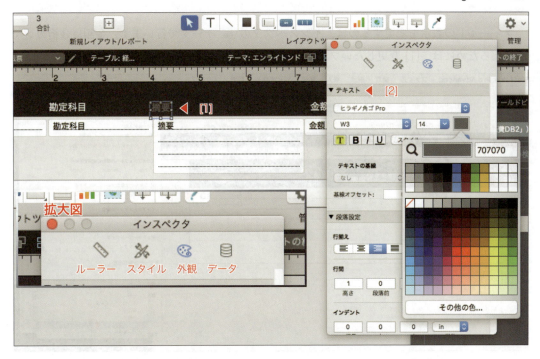

　個々のオブジェクトの書体や配色、位置を決めるのは、インスペクタの仕事です。
　インスペクタには4つのチャンネルがあります。詳しくは、第3章でトレーニングすることにして、この章ではよく使うツールを紹介します。
　上図の拡大図から、4つのチェンネルはアイコンになっていますが、左から**ルーラー**、**スタイル**、**外観**、**データ**と呼びます。選択されているチャンネルは、フィールドピッカーと同じくブルーになります。上図では が選択されています。
　書体の変更は、[1] 変更したいオブジェクト（上図では「摘要」のラベル）を選択し、[2] インスペクタの 　 外観の中の 「▼テキスト」を選択し、フォントサイズと配色を選択すると反映します。
　他のフィールドとラベルを調整します。下図は、金額を右寄せに設定したところです。

フィールドの表示を変更するのは、インスペクタの データで行います。金額に3桁カンマを与えるためには、[1] 変更したいフィールド（この場合は「金額」）を選択します。

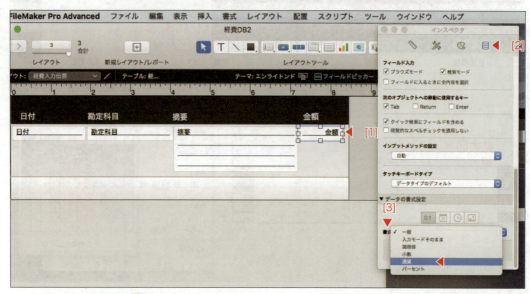

[2] インスペクタの データにチェンネルを合わせ、「▼データの書式設定」を選び、[3] 書式の「通貨」を選択します。

すると、インスペクタの選択幅が伸びて、[4] 通貨の形式や [5] 3桁区切りを使用などの設定画面が下に追加されます。

このように、フィールドの文字や数字をどのように表示するかという設定は、インスペクタのデータで行います。上手くいったかどうかはブラウズに切り替えて確認します。

フィールドのタイプが [日付] の場合、カレンダーを出して、カレンダーの中から日付を選択して入力することができます（フィールド名は任意）。

[1] フィールドのタイプが [日付] である日付フィールドを選択します。

[2] インスペクタのチャンネルは、 データです。インスペクタの「▼フィールド」から「コントロールスタイル」をポップアップして、[3]「ドロップダウンカレンダー」を選択します（上図）。

ドロップダウンカレンダーを選択すると、その下にある「カレンダーの....を表示」のチェックボックスにチェックを入れ [4]（下図）、ブラウズにして日付フィールドの確認をします。

レイアウトを保存してブラウズで確認できたら再びレイアウトに戻り、「▼データの書式設定」から「書式」をクリックして、表示するための日付フォーマットを選択します。

次に、テーマを変更します。

古くからファイルメーカープロを利用している方々には、テーマは特に重要です。

もしも、自分が作ったソリューションをアップデートしてファイルメーカープロを使っている場合は、テーマが「クラシック」になっていないか確認しましょう。

テーマがクラシックである時と最新のテーマにする時とでは、機能が異なります。最新のテーマに切り替えないままでのアップデートは、不都合な結果を招くことがあります。

では、テーマの切り替えをやってみましょう。

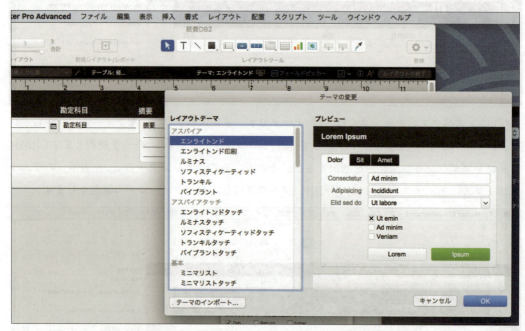

レイアウトモードに切り替えて、「テーマ」をクリックします（上図）。

すると、上図のような「テーマの変更」画面が表示されます。現在は、ヘッダの背景が黒っぽい「エンライトンド」というテーマであることがわかります。

そこで、「トランキル」を選択し OK をクリックします。

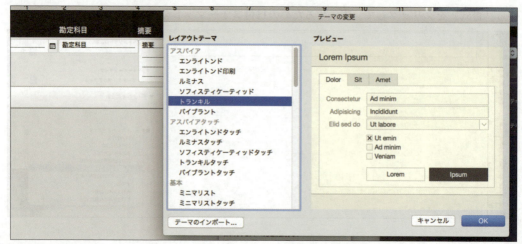

§4 ポータル

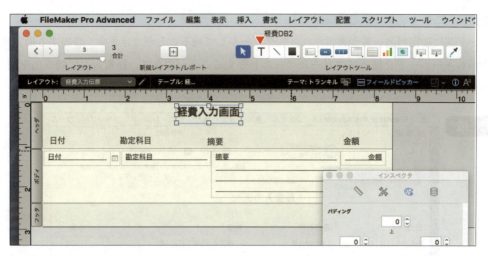

　上図のように、レイアウトツールの中のＴ字ツールを選び、ヘッダに「経費入力画面」と入力して書体を変えたなら完成とし、ブラウズにして今までインポートされてきたデータを見ることができることを確認します（下図）。

　次に、「経費入力画面」のフッタの幅を広げ、そこに勘定科目一覧が見えるように作り替えます。
　他のテーブルのデータ（科目一覧）を「経費入力画面」に表示させるためには、ポータルを使います。ポータルを使うためには、ポータル設定をする必要があります。
　説明のために、このセクションでは「経費入力画面」をメインと呼びます。メインテーブルというようにです。科目一覧はサブと呼びます。サブテーブルというようにです。メイン画面にサブのデータを表示する、という言い方をします。
　メイン画面にポータルしてサブデータを表示するためには、フィールドを使ってお互いが連絡できるように定義をします。
　サブのデータは、何かの条件で絞り込むわけではなく、メインとなる画面にリスト全部を表示させるということを目標にします。

下図は、このセクションの完成図です。

ヘッダ部に勘定科目一覧が表示され、スクロールして見ることができます。該当する勘定科目の中からキーボードを使ってコピー＆ペーストをすることができて、経費入力に効率化を図る、というところまで進めてみましょう。

完成

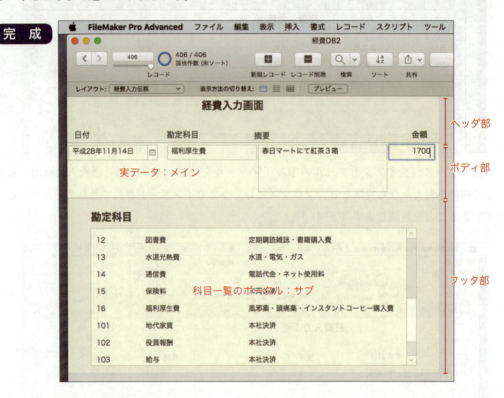

ポータル表示を実現するためには、各テーブル間に共有するフィールドを持つ必要があります。

メインのテーブルに空欄のリンクフィールドを作ります。サブのテーブルにも空欄のリンクフィールドを作りますが、フィールドはグローバルでなくてはなりません。

双方のフィールドを引き合わせるのは、リレーションシップ画面で行います。

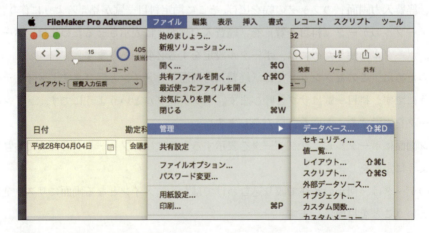

§4 ポータル

はじめてのポータル設定

ポータルを一言でいうと、忍者の分身の術、写し身の術、クローン、ダミー、同一コピー、複製 …. と前述しましたが、あまりピンときません。そのような場合は、実際に作って慣れる以外に手はありません。

ポータルとして利用する方法にはいくつかあって、今回のような例では、サブとなるデータをメインが常に引き出して、印箱として利用するようなイメージを実現します。

この目的を達成するためには、メインのテーブルとサブのテーブルに共有するフィールドを1つ設け、これをリレーションシップしてポータル設定をします。

メインテーブル側に、「リンクフィールド：タイプ（数字）」を追加作成します（上図）。
作った「リンクフィールド」を選択して、コピーします（下図）。

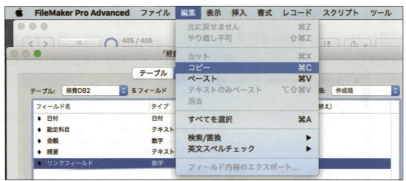

サブテーブルである「科目一覧」に切り替えてペーストし、「リンクフィールド」を作成します（「科目一覧」のテーブルに「リンクフィールド」を作成しても同じです）。

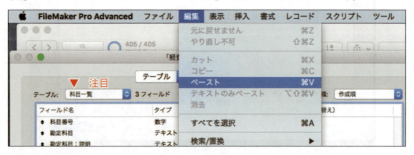

科目一覧の「リンクフィールド」を選択し、「オプション」をクリックして、タブの「データの格納」に進み、「グローバル格納を使用する」にチェックを入れOKをクリックして、「リンクフィールド」をグローバルフィールドにします。

フィールドに関する手続きは、これでおしまいです。

　次に、リレーションシップを行いポータルを完成します。
　「データベースの管理」画面の「リレーションシップ」を選択します。下記のようなリレーションシップの図を**リレーションシップグラフ**といい、中のテーブル図を、**テーブルオカレンス**とか単に**オカレンス**といいます。ただし、本書ではオカレンスという言葉は使いません。

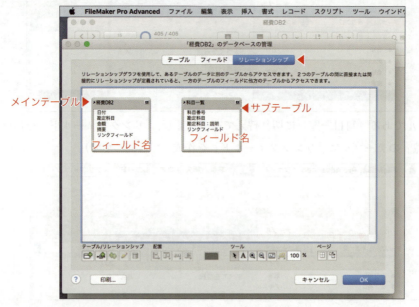

リレーションシップを行うには、[1] フィールドを選択します。[2] 選択したフィールドを再び選択してドラッグします。すると下左図のようにリンクラインが伸びます。そのまま伸ばして [3] リンクしたい別のテーブルのフィールドと重ねます。すると下右図のように仕切ができて、フィールドの項目名は斜体フォントに切り替わります。

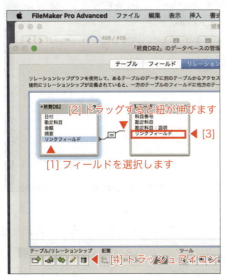 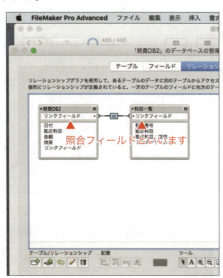

リンクが失敗した時は、ラインを選択して [4]「トラッシュアイコン」をクリックするか、ライン選択後、キーボードの delete キーを押して解消します。

リンクしているフィールドのことを、**照合フィールド**といいます。

リンクしてポータル設定が完了したら、レイアウトを使ってポータル表示をしてみましょう。

レイアウトモードの「経費入力伝票」画面を開いて、フッタ部を広げます。

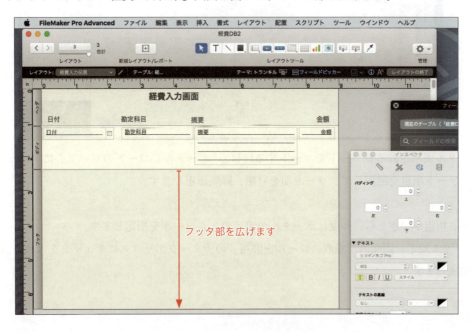

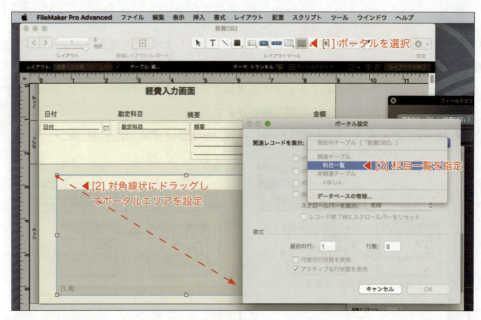

[1]「ポータル」ボタンをクリックして、[2]広げたフッタに対角線状にエリアを取ります。すると「ポータル設定」画面が出るので、[3]「関連レコードを表示:」を「科目一覧」に合わせます。

ポータル表示されるレコードをソートする時は、「ポータルレコードのソート」にチェックを入れ、ソート項目を選択して、ソート順を昇順、降順指定します。

ソート指定ができたら、今度はポータルの表示のスクロールを指定します。
「ポータル設定」画面の「垂直スロールを許可」のチェックボックスにチェックを入れて、いったん完成します。

§4 ポータル

上図のように設定して OK をクリックしたなら、ポータル内に何のフィールドを表示するか聞いてきます（下図）。

フィールド名の前に：：の記号があるものと、ないフィールドに分かれます。

上図のように、ポータルとして別のテーブルからフィールドを持ってくる時は、フィールド名の前に：：がつきます。：：がないフィールドは、現在使っているテーブルのフィールドであることを意味します。

科目一覧の中の、「：：リンクフィールド」を除くすべてを選択して移動し、OK とします。

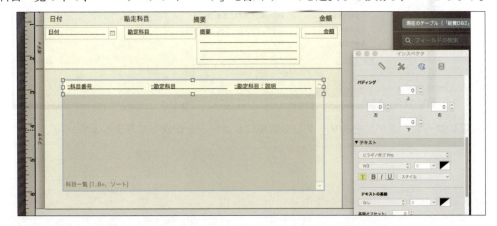

ポータル内のフィールドの配置をマウスなどで調整し、T字ツールを使って「勘定科目」と入力し、ブラウズモードにしてみます。レイアウト中にT字ツールで編集できるオブジェクトをラベルといいます。

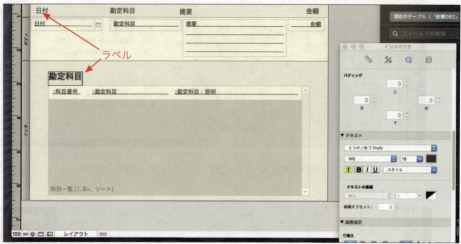

レコードを変えても、フッタに貼付けられたサブテーブル「科目一覧」の科目が、ポータル表示されていることを確認してください。

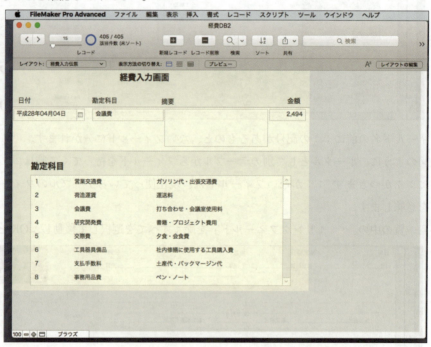

「新規レコード」ボタンをクリックして新規にレコードを作成してみましょう。

§4 ポータル

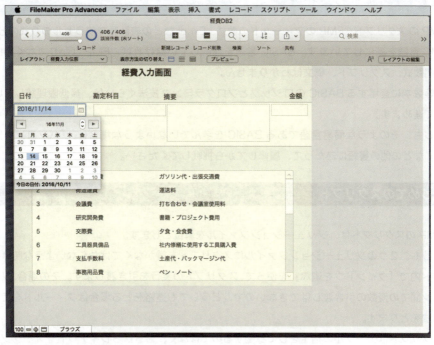

日付フィールドのカレンダー入力を確認しましょう。

　カレンダー以外にも、日付フィールドを選んで入力できる状態から、キーボードの⌘と−（マイナス）キーを押すと、本日の日付が自動入力されます。

　ポータル表示されているフィールドは、制限がない限りコピー＆ペーストができます。

　フッタで見えているポータル内の「福利厚生費」を選択してコピーし、メインテーブル側の「勘定科目」フィールドを選択してペーストすると、キーボードを使った漢字変換をしなくても入力ができます。次のセクションでは、選択したポータルのフィールド科目をボタンにして、科目名をクリックしたらフィールドに書き込まれるスクリプトを作ることにします。

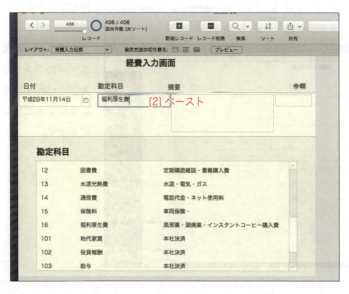

§5 スクリプト

FMPのスクリプト、FMPのフィールドの数式、Excelなどの表計算で使うセルの数式のどれもが、BASIC言語を基にしています。BASIC言語を理解していなければ、FMPばかりでなくDBを補助する関数式、スクリプト、構文はわかりません。

高等数学に登場するBASICのロジックとプログラミング技法ぐらいは、最低限理解しているものとして進めます。

もしも、そのような簡易言語であるBASICを学んでいないような場合は、『パソコン操作の基礎技能』などの他の書籍にあたって、履修してから挑戦してください。

はじめてのスクリプト

FMPのスクリプトは、ソリューションファイルを単位とします。

もしも、2つのソリューションファイルにスクリプトを書かなくてはならないような時は、スクリプト内で「ウインドウを選ぶ」を使って、スクリプトの実行を引き渡します。その場合、ソリューション間での変数の引き渡しはできないので、どうしても連絡をとる場合はフィールドを使って別の方法をとります。

スクリプトはテーブルの指定をして稼働するのではなく、もっぱらレイアウトをオープンして稼働します。

スクリプトもプログラム言語の一つなので、変数にはインプットとアウトプットがあります。

スクリプト内の変数は、名称の先頭に半角英数の$または$$を付けると変数名になります。例えば、「$count」や「$カウンタ」、「$カウント sub」というように、英語と日本語のどちらでも混合でも使えます。

$が1つのときはローカル変数です。スクリプトが稼働している時は変数の値を保持しますが、スクリプトが終了した時点で変数の中身が消えてしまいます。

$$で書くとグローバル変数を意味し、ソリューションファイルが終了するまでは変数の値を保持しています。

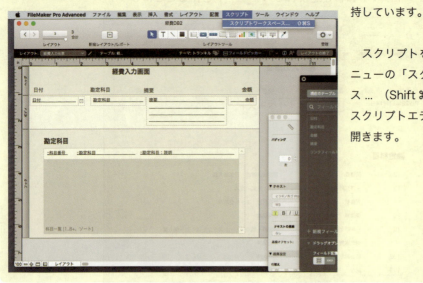

スクリプトを書く時は、メニューの「スクリプトワークス...（Shift ⌘ S キー）」でスクリプトエディタの画面が開きます。

§5 スクリプト

ソリューション内に初めてスクリプトを作る時は、図のようにグレーの画面が表示されます。

画面左上の＋ボタンをクリックすると、下図のようなエディタが表示されます。

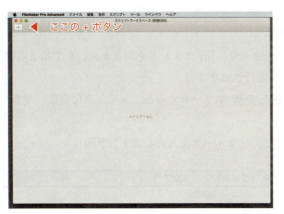

ここの＋ボタン

スクリプトの保存
・レイアウトの保存と同じく、スクリプトワークスを閉じる時に、すべてのスクリプトが保存されます。

スクリプト名
・スクリプト名の名称を編集する時はここで直します。

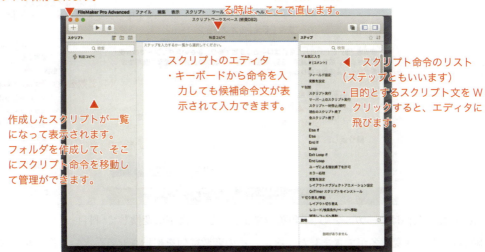

作成したスクリプトが一覧になって表示されます。
フォルダを作成して、そこにスクリプト命令を移動して管理ができます。

スクリプトのエディタ
・キーボードから命令を入力しても候補命令文が表示されて入力できます。

スクリプト命令のリスト（ステップともいいます）
・目的とするスクリプト文をWクリックすると、エディタに飛びます。

エディタのルール

・右のスクリプトの命令群から1行1行呼び出して書き込むことを基本とします。
・エディタに書いたスクリプトは、メニューの編集から、コピー、カット、ペーストができます。
・右のスクリプトを呼び出すなどしてエディタに書き込んだ時に、⚙ はパラメータを意味します。
・スクリプト文の fx は、関数や数式入力ができることを意味します。
・命令文は、スクリプトワークスを閉じる時の保管によって反映されます。

さっそくスクリプトを作成してみましょう。

メインの「経費入力」画面のフッタにある勘定科目一覧から、任意に科目をクリックしたなら、メインのボディにある科目のフィールドにペーストするという単純なスクリプトを作成します。いくつかの方法が考えられますが、スタンダードな方法を履修しましょう。

フッタの勘定科目（サブのデータ）をクリックした時に、選択した任意の科目がスクリプト上の変数にいったん格納され、ボディのフィールド（メインのフィールド）に書き込まれる、というシナリオを実現します。

[1] スクリプト名を「科目コピペ」とします。

[2] 右のステップ群から「#（コメント）」を選んで、[3] コメントを書きます。＃で始まる文は緑色で書かれ、ステップとしては無視されて実行されます。

[4] 右のステップ群から「変数を設定」を選んで W クリックするか、エディタに直接「変数」と入力して「変数を設定」を選択します。

[5] をクリックしてオプション画面を出し、パラメータを入力します（下図）。

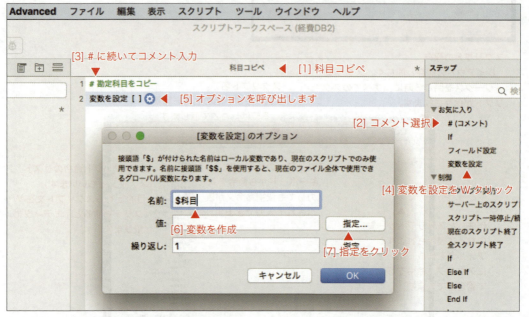

[6] 変数の名称はローカルとし、半角英数で$を入力し、漢字に変換して「科目」とします。これで、「$科目」という変数名ができました。次に、その変数に何を格納させるかという命令をします。

[7] 値の「指定」をクリックして「計算式の指定」画面を出し（下図）、[8] サブのテーブルに切り替えて、[9] サブの「勘定科目」をクリックして指定し [10] OK します。

```
1  # 勘定科目をコピー
2  変数を設定  [ $科目 ; 値： 科目一覧::勘定科目 ]
```

画面を切り替えながら入力する方法を説明しましたが、キーボードを使って入力しても結果は同じになります。

「$科目」の変数に格納した値を今度はフィールドに書き出すので、コメントに [11] # ペーストと書いて、[12] ステップから「計算結果を挿入」を選択するか、キーボードで入力します。

入力できたら ⚙ を選んで、[13] どこに（指定フィールド）、[14] 何を（計算結果）ということを二つの指定のパラメータに入力します。

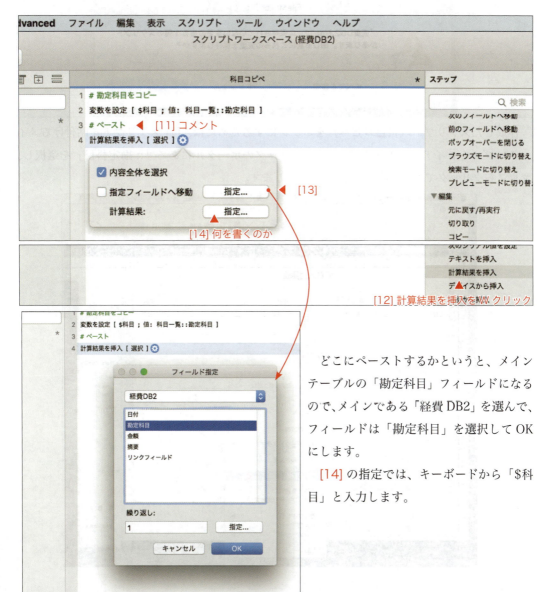

どこにペーストするかというと、メインテーブルの「勘定科目」フィールドになるので、メインである「経費DB2」を選んで、フィールドは「勘定科目」を選択して OK にします。

[14] の指定では、キーボードから「$科目」と入力します。

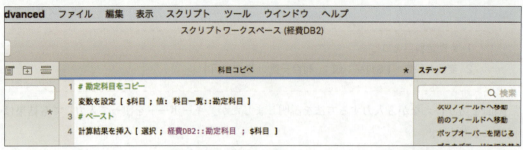

コメントを除くと2つのステップですが、カード(レコード)からデータを格納して、別のフィールドに書き出すという基本的な変数操作が完成しました。スクリプトワークスを終了して、「すべてを保存」し(下図)、実行ボタンにスクリプトを付与します。

作成したスクリプト(科目コピペ)をボタンにするためには、[1] スクリプトを貼付けるメインテーブルのレイアウトモードにして、[2] フッタのポータルにある「::勘定科目」を選択し、マウス右クリックで [3]「ボタン設定」を選択します。

[4]「ボタン設定」画面が出たら「スクリプト実行」を選択し、何のスクリプトを実行するのか選択します。リストが出るので、[5]「科目コピペ」を選択して OK で完了します。

[6] レイアウトを保存して、ブラウズで実行を確認しましょう。

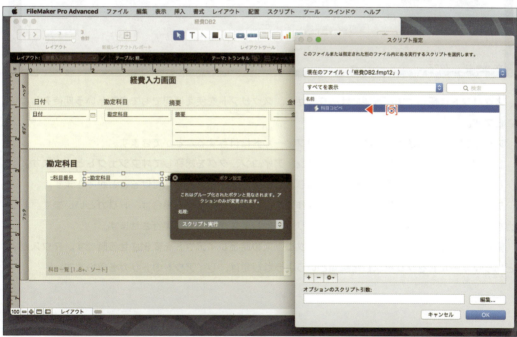

完 成　フィールドに書かれていることがボタンになるスクリプト

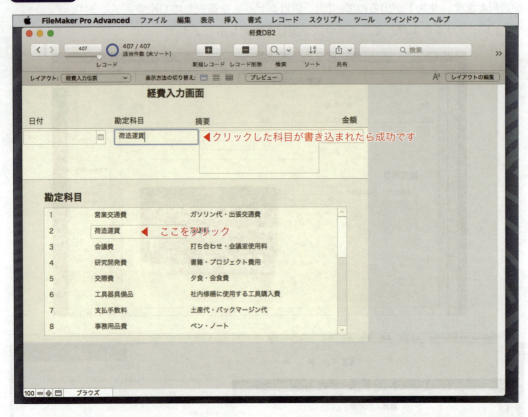

　スクリプトは便利ですが万能ではありません。スクリプトを使えば何でもできるという期待をしないことです。

　スクリプトは、例題のようにポータルのフィールドに付与することができます。

　レイアウト画面にあるフィールド、ライン、アイコン、タグを総称してオブジェクトといいます。

　レイアウトに表示されるオブジェクトなら、何にでもスクリプトを貼付けることができます。

　ファイルオープンの時やキーボードの動作にスクリプトを付与する場合は、トリガといいます。トリガを何にするかという指定をして、そのトリガに対してスクリプトを実行させます。

　動作を仕切るのは、ファイルオープン、クローズの時とレイアウトを変化させる時です。マウスがAというフィールドをクリックした瞬間というような設定は、レイアウトのトリガを使います。

第1章　名称と機能　まとめ

この章のまとめとして、下記の問いに答えなさい。

問1．エクセルのデータベース機能で使う関数の中で、DSUM は何を合計しますか。

問2．表計算ソフトの csv フォーマットには、データとデータを区切る記号が2つあります。それぞれの名称と役割をいいなさい。

問3．ファイルメーカープロが、他のファイルからデータを読み込むことを何といい、その反対の書き出すことを何といいますか。

問4．ファイルメーカープロで、テーブル名およびフィールド名を作る際の文字列の禁止事項を列記しなさい。

問5．ファイルメーカープロで、フィールド名の前に :: 記号が付く場合と付かない場合とがあります。その違いを簡潔に書きなさい。

問6．この章のセクション4と5で、サブ側のテーブルのリンクフィールドをグローバル設定した理由を完結に述べなさい。

ドクターズからの補足説明

　ファイルメーカーばかりでなく、他の開発言語でも、カウンタなどの変数名に i や n、m、k が使われます。ファイルメーカーの場合は、$i や $$n のようにです。BASIC や C、C++ でも同じです。カウンタの変数名は決まって i や n を使うことが多いようです。これは iPhone や iPad の i を使っているのではありません。

　BASIC 言語が普及する前のコンピュータ言語は、FORTRAN と COBOL ぐらいしかなかった時代、変数を決める時には型宣言をするというしきたりがありました。

Dr. バベッジ曰く

　変数の型というのは、あらかじめ変数の中に整数を入力するのか、小数値を含めた実数を入力させるのかということをプログラ中に書かなくてはなりませんでした。

　これを型宣言といいます。

　私は、box という名称の変数を使い、整数値しか入らない変数としてプログラムで使います。というようにです。

　以後、型宣言は困難を極めます。特に複数のプログラマでシステムを構築するような場合は、プログラムに利用する変数を管理しなくてはならないからです。

　そこで FORTRAN 言語を有する IBM 社は、変数の冒頭の一文字のアルファベットによって暗黙の型宣言を行うようにしました。つまり A から H までは実数、I から N までが整数、O から Z までを実数としたのです。

　その結果、プログラムのどこにも宣言することなく、BOX と書いた変数は必然的に実数を格納し、NBOX と書くと整数を格納させるという塩梅になった、というわけです。

　さらに I に至っては、プログラムを筆記する時に 1 や l と見間違えるということから、i を使って書くよう指導されてきました。

　やがてコンピュータが汎用機からミニコンやパソコンに移行するにつれ、開発言語が FORTRAN や COBOL に代わって C や PASCAL が主流になると、数値の型は必要ではなくなりました。しかし、開発者の癖として、i や n をカウンタの変数として使うことが伝統のような定石になると、今度はアップル社が、iPhone のように名称に i を付けることで、開発者からも大いに受け入れられるようになりました。

　英文で、I like Queen. は、「俺、クィーン好きさ。」という意味ですが、I を i にして、i like Queen. と書くと、「この俺はだな、クィーンがいいのさ。」というように第一人称を強く意識させるようになります。

　また、i はインターネット（internet）の i でもあります。IOT と書くと、Internet Of Things の略です。IT の i は、Information の意味です。

　日本では、i はアイと呼ぶので、「愛」を連想させ、いい言葉、いい単語、いい記号に属し、多くの日本人に親しまれて使われます。

FMPが持っている技能を余すことなく発揮する最大の目的は、DBで行う業務をカッコよくすることにあります。同じDBの仕事でも、画面周りのデザインやボタンがカッコよかったり、目的とするデータが無駄なく表示されたりすると、苦手な事務仕事も楽しくなります。
　この章では、FMPのテクニックの中でも定石としての手法について紹介します。

第2章 テクニック

MacOSのウエイトコマンド

Winodwsのウエイトコマンド

【警告】
　スクリプトを使ってプログラムして実行すると、図のような⌘.記号が表示されることがあります。これはステップが何度も繰り返され、処理に時間がかかることを警告し、ひょっとすると無限ループに陥っていることを意味します。
　そのような場合は、慌てず⌘キーを押しながら小数点で使うピリオド.キーを押すか、Windowsのキーボードのように⌘キーがない場合は、escキーを押してループを緊急停止させます。
　FMPでは、万が一無限ループになって⌘.（escキー）が押されなくても、タイムリミットを設け、自動的に緊急停止するようになっています。
　無限ループの原因は、作成したスクリプトのロジックが間違っているからです。自分が書いたスクリプトを見直して、エラーを直してください。

Dr.バベッジ

§1　ナンバリングの練習

プログラミング言語の最大の特徴は、ループです。

本書で初めてループを体験するというような場合は危険なので、他の言語で履修してから挑戦することをお勧めします。なぜなら、ループには無限ループが付きものだからです。プログラミングを経験して、無限ループの恐怖を体験しないプログラマは一人もいません。どんな天才プログラマでも、無限ループを作って実行した時に真っ青になる経験をもっています。

規定外のループが実行されてしまったら、MacOS X では⌘ . または esc キーを、 Windows では esc キーを押してください。

ナンバリングの準備

レコードを 1 件 1 件新規作成し、その度にレコードに連番で正の整数値を書くというような場合は、フィールド定義のところでナンバリングの設定をします（セクション 2 を参照）。

このセクションでは、既に相当数あるレコードを 1 から順に枚数分、正の整数値を書くというループの練習を行います。

このテクニックは、別のファイルからインポートしてきたデータを FMP 側で順にナンバリングしたり、昇順、降順にソートしたデータをナンバリングする（リネーム：rename ともいいます）ときに利用されます。

第 1 章で完成した「経費 DB2」を使って、ナンバリングループの練習をしてみます。

準備として、テーマを変え、日付と金額を調整し、整数番号が入るフィールドを作成するところまで、復習を兼ねて練習してみましょう。

準備 1　テーマを変える

第 1 章で完成した「経費 DB2」をオープンし、テーブル「経費 DB2」のレイアウトにします。メニューのレイアウトの「テーマの変更 ...」を選択するか、[1] テーマをクリックして変更を行います。[2] テーマの中から「トランキル」を選択し [3]OK をクリックして変更します。

準備2　日付と金額にフォーマット（書式）を与える

日付フィールドは、[1] 日付フィールドを選択して、[2] インスペクタの （データ）を選択し、「データの書式設定」の「書式」から [3] 和暦を選びます。

金額フィールドは右寄せにするのが普通で、3桁カンマのフォーマットを使います。

[1] 金額フィールドを選択したら、[2] インスペクタの（外観）を選び、[3] テキストの右寄せを選びます。[4]（データ）に切り替えて、フォーマット（書式）を [5]「通貨」とし、[6]「3桁区切りを使用」にチェックを入れます。

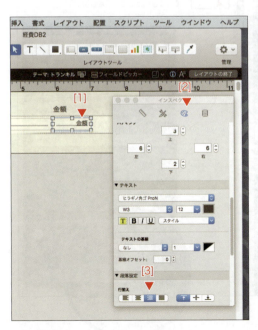

準備3　先頭に番号フィールドを作る

[1] フィールドのコメントとフィールド全部を選び、右に平行移動して新しくフィールドが収まるように配置します。

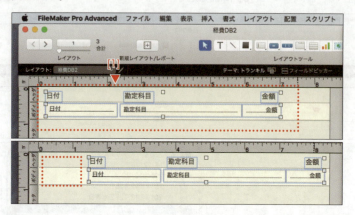

[2] フィールドピッカーを呼び出し、[3]「＋新規フィールド」で「NO」フィールド（タイプ：数字）を作成します [4]。[5] ドラッグオプションのラベル位置を選択したら、[6]NO をドラッグしてヘッダとボディにラベルとフィールドがくるように配置します。

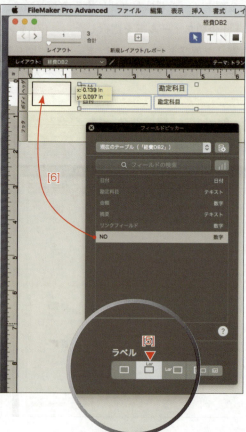

§1 ナンバリングの練習

レイアウトが完成したらレイアウトを終了して保存し、ブラウズモードにしてデーターの並びを見ます。

NOフィールドに適当な数値を入れ、整数表示になっているか確認してください。

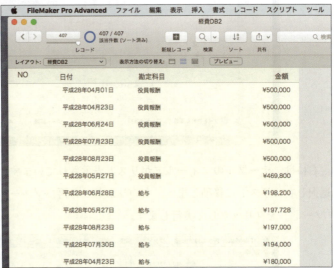

フィールドピッカーを使って、レイアウト中にフィールドを作成し貼付けた場合、前のフィールド（ここでは金額フィールド）で設定したフォーマット（タイプ）が引き継がれている場合があります。

もし引き継がれているような場合は、レイアウトのインスペクタを使って直してください。

準備4　日付ソートと金額ソートボタンを作る

ナンバリングには、必ずソートが付きます。何かの目的でソートしてからナンバリングします。そこで、1行でできるソートをいくつか作成し、ソート後にナンバーを書くことにします。

ソートは、ソート設定の経験がなくては理解できません。そこで、テストを兼ねてソートを行っておきましょう。

テーブルのデータをソートするためには、「ソート」ボタンをクリックするか、メニューのレコードの中の「レコードのソート...」を選択します。

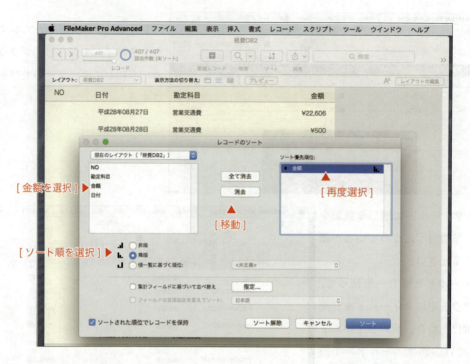

　右には、テーブルのフィールドがリスト表示されています。その中から、ソートしたい項目を選択し右のリストに移動します。右のリストから再びフィールドを選択して、昇順、降順を選び「ソート」をクリックして実行します。

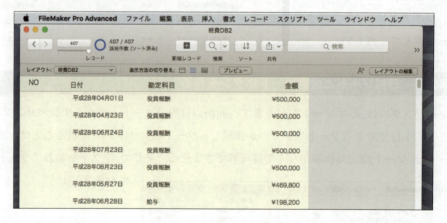

　レコードに格納されている金額の大きい順（降順）にソートされていることがわかります。これを踏まえて、ソートボタンを作ります。

§1 ナンバリングの練習

レイアウトモードに戻って、[1] 上図のようにＴ字ツールを選択し、[2] コメントの日付の横に文字入力できるようクリックします。「さんかく」などと入力して▲記号を表示します。

同じようにテキストボックスをもう一つ作り、そこに▼と入れます（下図）。

１つ目の▲記号を選択し、マウス右クリックして「ボタン設定」を選びます。

「ボタン設定」画面が出たら「処理：」のポップアップをクリックして、「単一ステップ」を選択します。

「ボタン処理」画面が出たら右のステップから「レコードのソート」を選んでWクリックし、下図のように「ダイアログあり：オフ」にしたら、⚙ をクリックしてソート順を決めます。

手動で行ったソートと同じように、右のフィールドリストから「日付」を選び昇順とします。

§1　ナンバリングの練習

　オプションは好みですので必ず行うことではありませんが、マウスがそのボタン上に来たら指カーソルに変わるように設定ができます（FMPでは手の形といいます）。
　日付昇順ボタンが完成したら、隣の降順ボタンを選択し、同様に「単一ステップ」の「レコードのソート」で「ダイアログあり：オフ」の降順にします（下図）。

　「日付」ソートボタンを2つ作成したら、2つ同時に選んでメニューの編集から「複製⌘D」を選び、今度は金額についてのソートができるようにします。

複製した2つのボタンを、コメントの金額の前に移動します。

金額の前に置いた▲を選んでマウス右クリックし、ソート命令を「日付」から「金額」に変更し、ソート命令を変更します。

ソート優先順位のリストを「すべて消去」して、右のリストから「金額」を選び、昇順にします。

残りの▼を選び、同様に降順を作ります。

4つのソートが完成したら「レイアウトを終了」して保存し、ブラウズモードで正しく稼働するか確かめます。

準備5　ナンバリング実行のアイコンを作成する

　レイアウトモードのレイアウトツールの中から [1] ボタンツールを選択し、フッタエリアで [2] 対角線状にドラッグします。すると上図のようにボタンエリアが確保され、同時に「ボタン設定」画面が出ます。

　「ボタン設定」画面がでたら、下図のように [3] ボタンとボタン名の表示位置のパターンを選択して、[4] ボタン名に「ナンバリング」と入力します。

　[5] ボタンエリアのサイズを変更するなどして、[6]「ボタン設定」画面から該当ボタンを選択し、[7] ボタンのサイズをスライドするか、ポイント値をキーボードから入力して調整します。

　ボタンが完成したら「レイアウト終了」するなどして保存し、ブラウズで確認します。

ナンバリング・スクリプトの作成

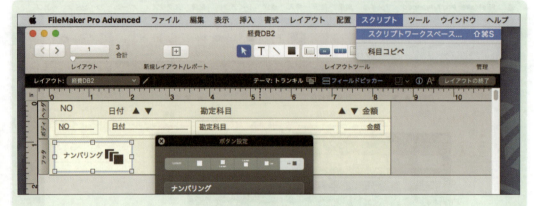

　ボタン作成の準備が終わったら、メニューのスクリプトから「スクリプトワークスペース...」を選択し、スクリプトを作成します。

　第1章のときのように新たにスクリプトを作成するので、追加ボタンをクリックし、スクリプト名を「ナンバリング」とします。

　スクリプト作成は、プログラミング技法を使うので、それなりの基礎的な訓練をしていないと作成できないことは機会があるごとに記述してきた通りです。FMPのデザイン的な手順を行う思考方法とは明らかに異なり、数学的な思考を必要とします。これをアルゴリズムといいます。

　FMPのナンバリングのアルゴリズムは、基本的にはループを使いますが、この例題ではレコードに整数値をナンバリングするので、カウンタとループ回数は同じにできます。

　最後のレコードにナンバリングしたらループを抜け出す、という条件を使うので、無限ループの心配はありません。

　イメージとしては、カードを1枚めくってはナンバリングし、カードがなくなったら繰り返すのを止める。このとき最初の1枚だけはナンバリングして、2枚目以降をループにするというのがミソです。

　また、FMPのスクリプトは構造化されているのでGOTO命令はありませんし、ループを形成するFOR~NEXT命令、DO、repeat命令もありません。LOOP命令で行い、ブロック構文を使って実現します。

§1 ナンバリングの練習

ナンバリングのフローチャート

FMP のスクリプト作成に慣れるまでは、アルゴリズムをフローチャートに記述してトレースしながらプログラミングすることをお勧めします。

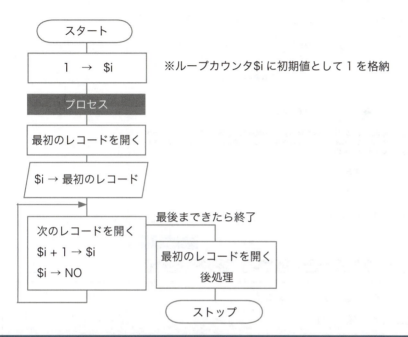

カウンタ

カウンタを作るために FMP のスクリプトでの書き方は、行番号 n で「変数を設定」を使って、[$i；値： 1] の様に $i ← 1 を実現し、行番号 m「変数を設定」を作り下図のように定義します。

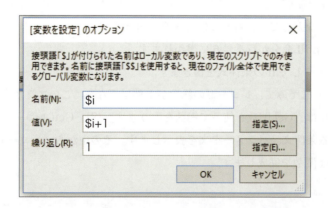

スクリプト作成

特に理由がなければスクリプトにはコメント文を入れて、できるだけ、他の人にもわかりやすく説明している方がいいでしょう。

行番号2で、変数 $i をカウンタとし、初期値に1を格納します。

```
1 # ナンバリング　1からカウントを書く
2 変数を設定  [ $i ; 値：  1]
3 全レコードを表示
4 # レコードが1件以下のときの処理
```

行番号2と3は順序が逆でも問題はありません。このナンバリングは、レコード全体に行うものとして「全レコードを表示」します。

次に、行番号4にもあるように、全レコードが0件だったり1件しかなかったりするときがあります。DBにおいて、全レコードもしくは検索したレコードが0件のとき、というのはエラーになります。DBプログラムは、これを避けながらプログラミングする必要があります。

スクリプト命令で使う制御は、主にIfを使います。[1]右のステップからIfを選択するか、キーボードでifと入力するなどして、行番号5にIf命令を書きます。

すると、自動的にEndIf命令が行番号6に書かれます。

[2]Ifの ⚙ をクリックしてIfの条件式を書きます。

「全レコードを表示」してみて、レコードの総数が1件以下なら、このスクリプトを止めます。これを実現するためには、Get関数を使って総数を取ります。[3]「Get(レコード 」 と書くと、エディタは候補となる条件文、パラメータ文を表示します。その中から「レコード総数」を選択しカッコを閉じてGet関数を完成します。

§1 ナンバリングの練習

Get(レコード総数)の後に、右の演算子群から[4]BASICの＜＝に当たる ≦ をクリックして、1 を入力し、条件式を完成させ OK します。

ここまでできたら、スクリプトのエディタは下記のように記述されています。

```
1 # ナンバリング　1からカウントを書く
2 変数を設定　[ $i ; 値： 1 ]
3 全レコードを表示
4 # レコードが1件以下のときの処理
5 If ［ Get ( レコード総数 ) ≦ 1 ］
6 End If
```

73

行番号5のステップを選択して、右のステップ群から**「現在のスクリプト終了」**を選択し、データが空っぽのときの制御をします。

　行番号8行目まで、下記のようにスクリプトを書きます。

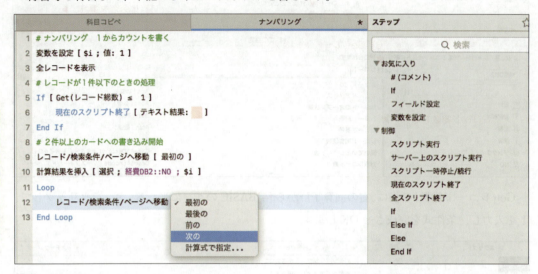

　行番号11からのループは、「次の」レコードをめくってナンバーを書き込み、もしレコードがなくなったらループを抜ける、とします。そのためには、上図のように書いて、下図のように「最後まできたら終了」にチェックを入れます。

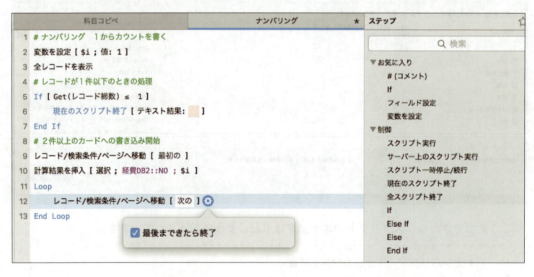

　上図のプログラムは、行番号12で、めくっていたカードが0件目であることがわかると、直ちに行番号13のEnd Loopに移動してループを抜け出します。

　これを踏まえて、行番号12の後には「変数を設定」命令を選択し、カウンタのところで説明した$i+1の値を$iに書いて加算します。

　その後で、$iの値をレコードに書き出し、行番号11のLoopに戻ります。

§1 ナンバリングの練習

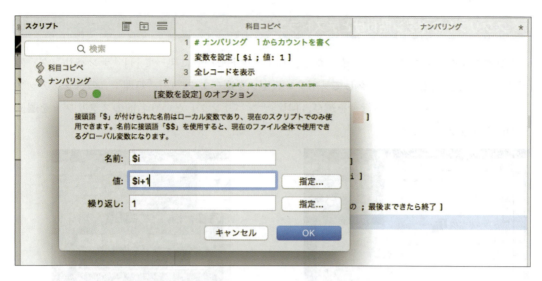

完成すると下図のようなスクリプトになります。

行番号 16 は、ループを抜け出てレコードのトップを表示します。

行番号 17 は、フィールドの値からカーソルを解放してニュートラルにする命令です。

スクリプトのボタン貼付けとテストラン

ナンバリングのスクリプトを完成したら、レイアウトモードに戻って [1]「ナンバリング」のボタンを選択し、[2] 右クリックして「ボタン設定」を選びます。[3]「処理：」のポップアップメニューから「スクリプト実行」を選び、[4]「ナンバリング」という名前のスクリプトを選択し OK をクリックします。

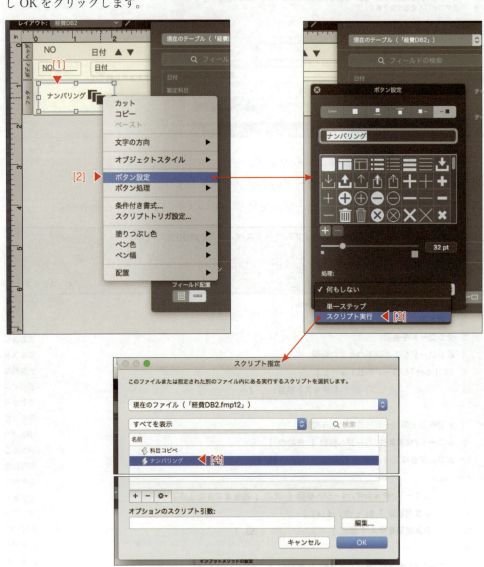

ブラウズモードに切り替えて、ソートをしてから「ナンバリング」ボタンをクリックして整数値が順に書かれたなら成功です。

もし失敗したなら、ツールからスクリプトデバッガとデータビュアを使って、エラーとなっている箇所を探します（ツールはアドバンストのみ利用できます）。

完 成

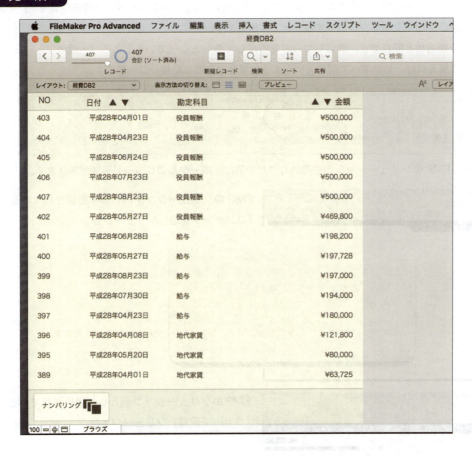

　プログラマにとってナンバリングの練習は、大量データをインポートした時のナンバリングの他に、テストデータを作成する上でも役に立ちます。

　クライアントの実際のデータを使ってテストをすることはできない場合が多いので、乱数を使ったデータを生成して機械的に仕分け、集計結果の合計と合致しているかどうかなどのテストを行うのが、一般的なやり方です。

　練習問題として、素数の算出やニュートン法によるルートの値の算出などのように、ループを使った解のアルゴリズムをスクリプトで実現してみるのもいいでしょう。

§2 レコードの追加作法

新規にレコードを追加する方法は、ブラウズモードからメニューのレコードの「新規レコード」を選ぶか、下図の + のボタンをクリックすることで実現します。

複製も新規追加と同じです。同じレコードを作成して差分となっているところ（一部のフィールド）だけを書き換えれば、他はすべて同じというような場合は有効な新規レコードです。

この他に FMP のソリューションの中のいくつかの例に、ポータルのレコード追加があります。

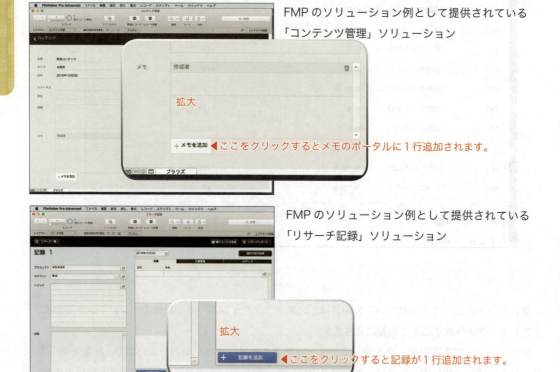

FMP のソリューション例として提供されている「コンテンツ管理」ソリューション

ここをクリックするとメモのポータルに 1 行追加されます。

FMP のソリューション例として提供されている「リサーチ記録」ソリューション

ここをクリックすると記録が 1 行追加されます。

ここのセクションでは、照合フィールドを使ったリレーションシップによるレコード追加について解説します。

ソリューション例の「コンテンツ」や「リサーチ」にも共通していますが、テーブル A のフィールド a に a1、a2、a3.... があって、テーブル B には、a1 に属する b1、b2、b3... と a2 に属する b4、b5、b6... が存在するような場合のデータベースを具現化しています。

もう少し具体的に説明しましょう。

デジタル歯科には 3 名の歯科医がいて、A 先生、B 先生、C 先生とします。

3 名の先生は、重複しない 200 名以上の患者をそれぞれに受け持って運営する例などです。

歯科医ばかりでなく、数名の弁護士で運営されている法律事務所、長年の顧客によって支えられているガソリンスタンドのように、社会には限りなく担当者制の会社、団体、組織が存在します。

理系や土木系も同じです。

ルビゴン河川には４つの橋があって、それぞれの橋の左岸と右岸に非接触型の流速計を設置し、雨天時には１分毎に流速と水位を観測し、その値をDBに送信するというような場合も担当制と同じ構造を持ちます。

担当制は、誰がそれを担当しているか、という担当者のIDをデータであるカードに書き込みます。

一方、顧客や観測値は、担当者が記述される他に、時系列や場所のような独立変数によって集計されることがあります。

DBは、担当制と他の指標との複数の集計を同時に満たすことができます。

簡単な例を使って説明します。

訪問販売によって売り上げを立てている「のぶなが株式会社」を想定します。

「のぶなが株式会社」には、織田信長と羽柴秀吉、徳川家康の３名の社員で、関東一円を出張して営業するものとします。

下の画面は社員台帳を示し、会社員である織田信長と羽柴秀吉、徳川家康の出張先の場所と出発日、帰社日、出張旅費が書かれ、社員の織田信長の社員番号は１とします。

３名の社員の社員番号と氏名は、テーブル名「社員台帳」に保管されています。

社員には社員番号（数字）があって、織田信長が１、徳川家康が２、羽柴秀吉が３となっています（担当者別になっている）。

もし、新規で社員が増えてレコードを追加しても、自動的に社員番号は１増加して、次の新入社員は４になるようになっています。

出張先は、担当者別に仕分けされて、ポータル表示されます。社員番号１番の織田信長の画面で、織田信長の出張先を１件増やすと、他の社員に影響なく個別に織田信長の出張件数が１件増えます。

このように社員番号が担当制のキーとなり、担当の出張レコードをデータとした担当制構造を作ることにします。

担当制とそのデータという分け方は、筆者のオリジナルです。FMPでは、関連レコードという説明の仕方をします。他のDBでは、リレートしたテーブル（４thDimensionなど）といいます。

どこのメーカーも、ここの解説には苦労していて、マニュアルもかなりのページを割いています。

「担当制とそのデータ」という説明方法は、筆者が DB 作成の講習をしてきた中で評判が良かったので採用しています。

担当制とそのデータの関係を実現するための準備

担当制となる側のテーブルは、担当者が増えるたびに、整数値 1 を加算して担当者番号（社員番号）がナンバリングされるように作ります。

一方、「そのデータ」に当たる出張データは、担当者番号（社員番号）がどこかのフィールドに書かれ、そのフィールドと担当制となる側のテーブルの担当者番号をリンクさせます。

準備 1　担当制のテーブルを作成する

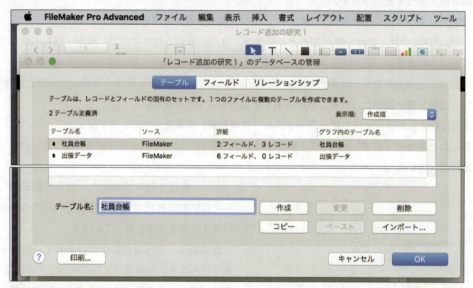

担当者を管理するテーブル「社員台帳」とデータが保管される「出張データ」テーブルの 2 つのテーブルを作ります（上図参照）。

「社員台帳」のテーブルのフィールドは 2 つで、次のように定義します。

「社員台帳 ID 照合フィールド」は、タイプは数字で、オプションを使って下図のように制限を加えます。

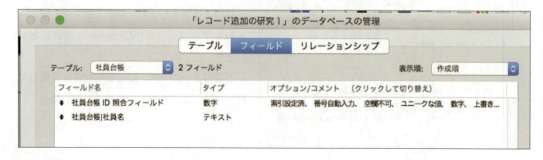

1つは、「社員台帳 ID 照合フィールド」（タイプ：数字）で、もう一つは、「社員台帳｜社員名」（タイプ：テキスト）です。

「社員台帳｜社員名」には、織田信長、徳川家康などの社員名が保管されます。

「社員台帳 ID 照合フィールド」は社員番号で、レコードが 1 枚増加するたびに社員番号が増えるようにします（番号自動入力）。

「社員台帳 ID 照合フィールド」を選択し、「オプション」をクリックします。

「社員台帳 ID 照合フィールド」のオプション画面（下図）がでたら、[1]「入力値の自動化」のタブを選び [2]「シリアル番号」にチェックを入れます。[3]「作成時」のラジオボタンをチェックして [4]「次の値」と「増分」を確認します。

デフォルトでは、シリアルのスタート値が 1 になっています。下図で次の値が 5 になっているのは、すでに 4 名の社員を登録したからです。

次に、[5]「入力値の制限」のタブをクリックします。

[6]「タイプ」は数字とし、[7]「空欄不可」[8]「ユニークな値」にチェックを入れます。

これは、社員登録の時に誤って重複番号を入れることがないように制御しています。

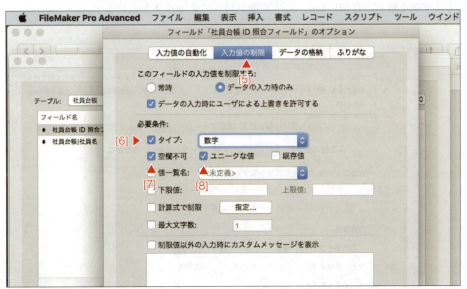

準備2　そのデータのテーブルを作る

下図のように、「そのデータ」にあたる「出張データ」テーブルのフィールドに切り替えます。

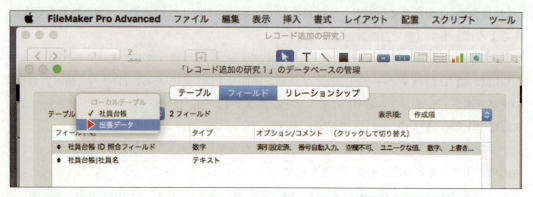

「出張データ」テーブルのフィールドを下図のように定義して作成します。

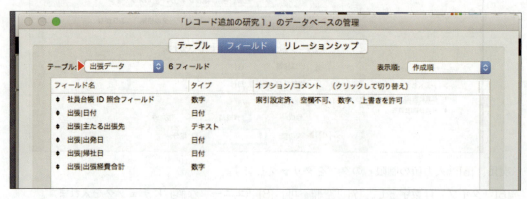

「出張データ」側の「社員台帳 ID 照合フィールド」には自動加算は不要です。「入力値の制限」としては空欄を避けた方がいいので、「空欄不可」にチェックを入れます。

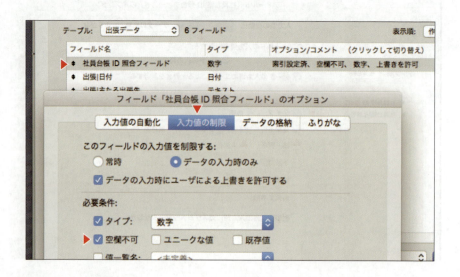

§2 レコードの追加作法

準備3　リレーションシップと設定

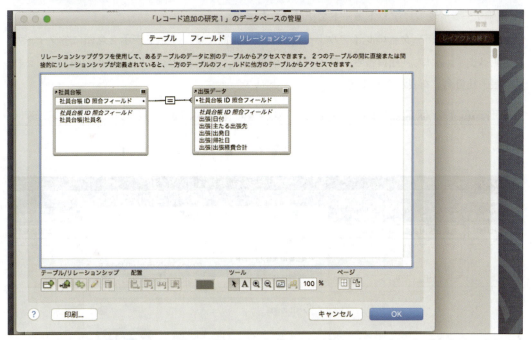

　2つのテーブルのフィールド設定が終了したら、「リレーションシップ」のタブをクリックして、リレーションシップ・グラフ画面に切り替えます。

　社員台帳側の「社員台帳 ID 照合フィールド」と出張データ側の「社員台帳 ID 照合フィールド」とをドラッグして結びます（上図参照）。

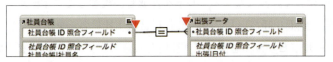

　社員台帳側の「社員台帳 ID 照合フィールド」とラインは、直線で結ばれているのに対して、出張データ側のラインは、3本の手によって接続されています。

　下図は第1章の例題のリンクフィールドをリレーションシップしたところです（第1章セクション4参照）。このように「リレーションシップ」では、フィールドに「入力値の自動化」による条件や計算式がある時はラインの手は1本で、条件がない時は3本の手で結ばれます。

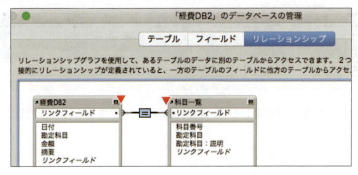

準備4　そのデータ「出張データ」の作成

「出張データ」をレイアウトモードでデザインします。

下図は、「出張データ」のレイアウトを行っている画面です。リスト表示を念頭に各フィールドを並べます。次に、「社員番号」フィールドの後にフィールドを作成し、「社員台帳」の「::社員台帳|社員名」を表示させます。

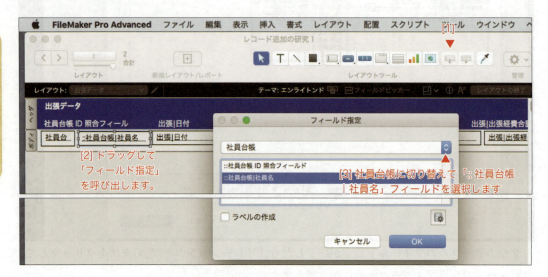

上図のように、レイアウトに「社員台帳」の「::社員台帳|社員名」を並べるためには、[1]のフィールドアイコンを選択して、[2]のように並べるエリア（この場合はボディ）でドラッグするか、既にあるフィールドを複製していったんフィールドを作成し、複製したフィールドをWクリックして「フィールド指定」画面を呼び出し、[3]「::社員台帳|社員名」を選んで差し替えます。

他の方法として、フィールドピッカーを使って「社員台帳」テーブルの「::社員台帳|社員名」フィールドをドラッグする方法もあります。

フィールドが完成したら下図のようなレイアウトに整列します。

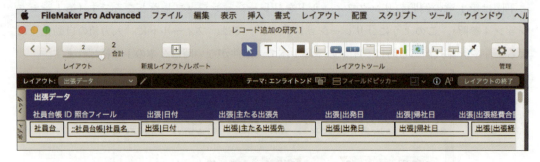

「出張データ」のレイアウトが完成したら、社員台帳のレイアウトを行い、社員を登録します。

準備5　担当制の「社員台帳」の作成

下記のように社員台帳を作成します。

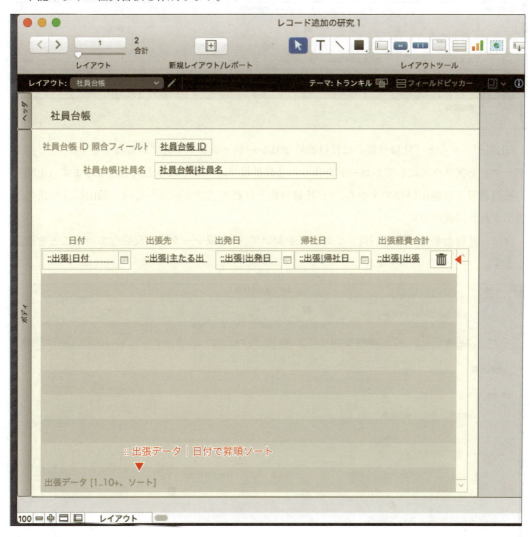

ポータル行は10行で、「::出張データ」の日付で昇順ソートを指定してください。

社員台帳のレイアウトが完成したら、新規でレコードを作成します。自動的に社員番号1が「社員台帳ID照合フィールド」に表示されたら、「社員台帳|社員名」のフィールドに「織田信長」を入力します。2は羽柴秀吉、3は徳川家康と3枚のカードを作成します。

【注】上図の 🗑 は、1行スクリプトのボタンです。ゴミ箱アイコンを「ボタン設定」で作って、単体スクリプトは、

　　ポータル行を削除する [ ]

を貼付けます。

リレーションシップを確認する

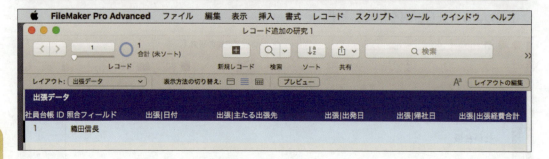

「出張データ」と「社員台帳」は社員番号でリレーションシップしているはずですから、「出張データ」をブラウズにしてレコードを作り、社員番号フィールドに1と入力してみます（上図）。

社員番号1は織田信長ですから、「::社員台帳|社員名」フィールドには、織田信長の氏名が表示されれば成功です。

次に、社員台帳の「織田信長」レコードを開いて、「出張データ」が反映していることを確認します。

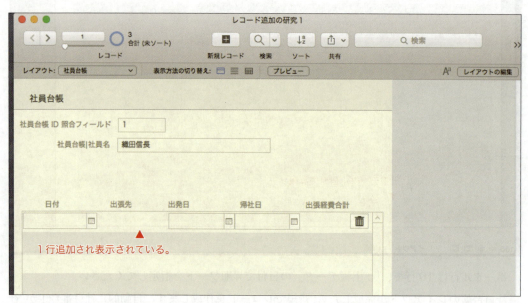

「出張データ」で追加されたポータル行にデータを入力し、「社員台帳」のポータルエリアで記述した内容が「出張データ」に反映されることを確認します。

§2　レコードの追加作法

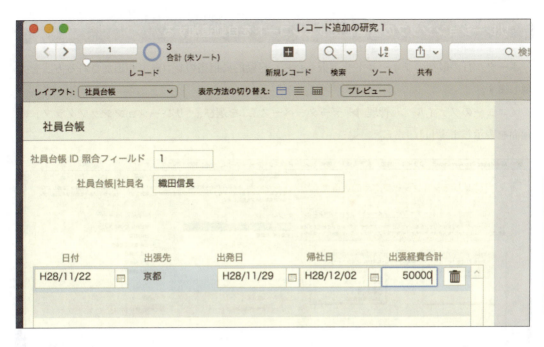

「社員台帳」のポータルエリアにデータを入力したら、レイアウトを切り替えて「出張データ」にします。

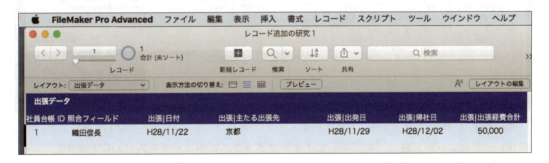

　ここまでは、手動でレコードを追加し、担当が増えれば社員番号が自動加算されて生成され、出張データ画面に切り替えて社員番号別（担当別）にデータを作成したら社員台帳に反映される、というソリューションを完成しました。
　FMPをパソコンで利用する場合は、ポータルのフィールド選択が簡単にできます。
　しかし、FMPをパソコンばかりでなくタブレットやiPhoneで利用する場合は、ボタンによってレコード追加ができるようにする必要があります。

　次に、この担当制テーブルである「社員台帳」とそのデータである「出張データ」の関係をもった2つのテーブルを使って、レコードを自動的に追加する方法を紹介します。

リレーションシップの機能を使ってレコードを自動追加する

ポータル行の最初のフィールドを選択したら、自動的に担当のレコードが追加される方法を実現します。

メニューのファイル > 管理 ▶ データーベース ... を選び、「リレーションシップグラフ」の画面を表示します [1]。

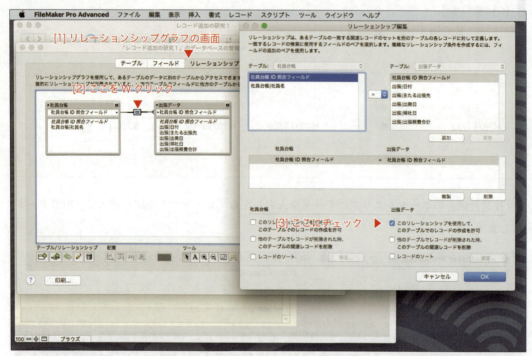

[2] ⊟ を W クリックして「リレーションシップ編集」画面を出します。[3] 出張データの「このリレーションシップを ..... を許可」のチェックボックスにチェックを入れ OK します。

ブラウズモードで「社員台帳」画面にすると、どの社員のポータル行にも空の行ができます。

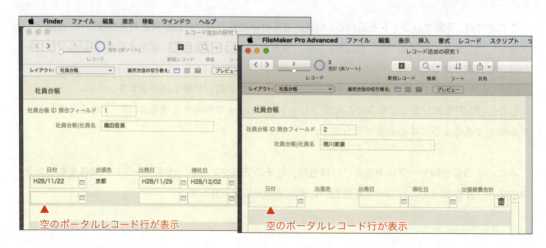

空のポータル行にデータを入力すると、すぐに別の空の行が生成されます。

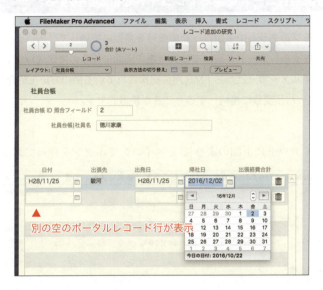

実際の「出張データ」を見てみます。

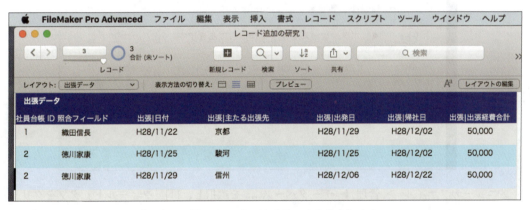

「出張データ」では、ポータルで増えたレコードが正しく反映されます。

担当制の社員番号を出張データ側に記述せずとも、出張データ生成時に自動的にリレーションシップしたフィールドの値がコピーされ、自動的に仕分けされるようにできていることを確かめましょう。

リレーションシップを利用したポータル行のレコード追加は、

1. 追加されるのは「そのデータ」のポータル側のテーブルのレコードである。
2. ポータル行には、空のレコードが1つ常に存在する。
3. ポータル行の最後の行に追加レコードがくる。
4. Windows10/MacOS X 上では稼働するが、Go や web での稼働の保証はない。

という特徴をもっています。

次に、これをスクリプトで実現してみます。

スクリプトの新規レコードを使ってレコードを自動追加する

スクリプトによるプログラムの手順は、社員番号を変数に格納して「出張データ」のレコードを増やし、社員番号をそのレコードに書いて社員台帳の画面に戻る、で完成します。

ここでは、ファイルメーカー社からFMP用に提案されている例の方法を紹介します。

「社員番号をグローバル変数に格納」するところが特徴的です。

「社員台帳」のレイアウトに下図のように＋アイコンでボタンを作っておきます。

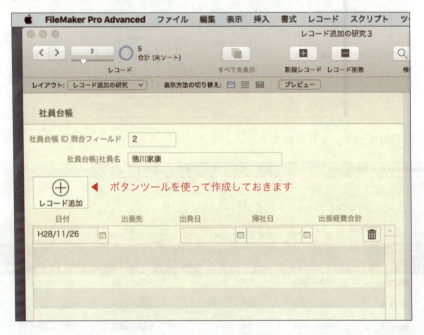

◀ ボタンツールを使って作成しておきます

メニューのファイル ＞ 管理 ▶ データベース... を選択し、[1]「フィールド」タブをクリックして [2]「出張データ」に合わせます。[3]「社員台帳 ID 照合フィールド」を選択し、オプションボタンをクリックして、「『社員台帳 ID 照合フィールド』のオプション」の「入力値の自動化」の [4]「計算値」のチェックボックスにチェックを入れるか「指定...」のボタンをクリックします。

すると、「社員台帳 ID 照合フィールドの計算を指定」の画面が出るので、[5] そこに、

　　$$Data_No

と入れます。$$なので$$Data_Noは、グローバル変数です。

§2 レコードの追加作法

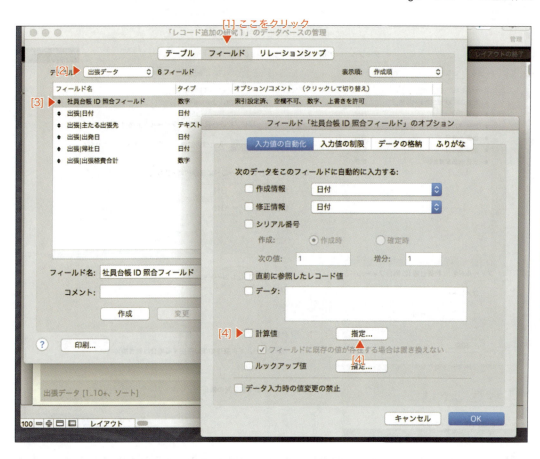

　「社員台帳 ID 照合フィールド」の計算を指定で、$$Data_No と入れ上図のようになったら OK で定義を終了します。

　次に、スクリプトワークスをオープンして、「出張データ追加：新規レコード」という名称のスクリプトを作ります。

　フィールドの入力値の自動化を使って、グローバル変数による値の引き渡しを行う例は、ファイルメーカー社のサンプル・ソリューションに多く見られます。

　比較のために、グローバル変数を用いないスクリプトを別解として掲載しました。

　グローバル変数を使って、社員番号の引き渡しを行う利点はいくつかあります。

　プログラムを見直すときの変遷のトレースでは、グローバル変数は常に表示されているのでデバッグしやすいことや、「そのデータ」となるリンクしたテーブルが他にもあるとき、グローバル変数を使えば効率よく担当制の番号を習得できます。その結果、次ページのスクリプトの行番号 10 の「計算結果を挿入」はなくても結果は同じになります（ファイルメーカー社のサンプル・ソリューションには行番号 10 の「計算結果を挿入」はありません）。

　プラットホームを含め他にも理由があると思いますが、プログラミング方法が 1 つではなく、別の方法でもできるというところが肝要です。

比較のために、リレーションシップ・グラフから「リレーションシップ編集」画面を開き、出張データのチェックを外します。

これで、ポータル行が自動的に増えるということはなくなります。

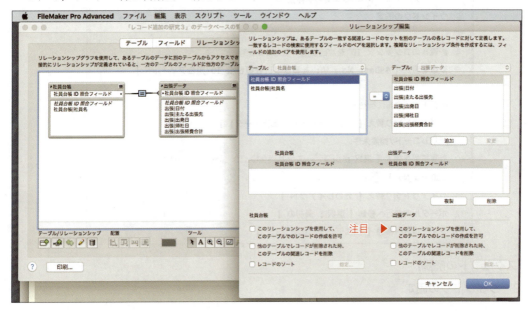

次に「スクリプトワークス」をクリックしてスクリプトを作成します。スクリプト名は「出張データ追加2」としましたが、わかりやすい名称なら何でもいいでしょう。

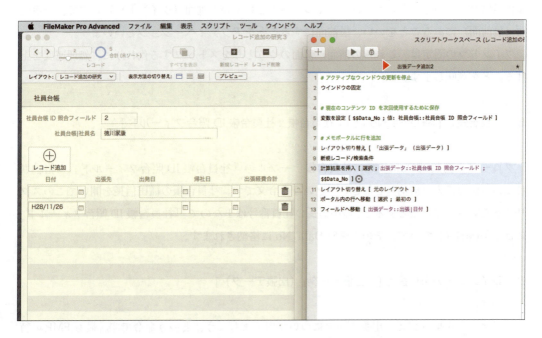

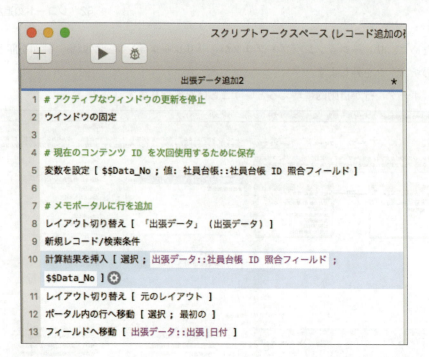

【スクリプトの解説】
2　ウインドウの固定

　この命令を入れると、モニターに表示されている画面がフリーズして、画面の裏でスクリプトが作動します。モニターに表示されている画面のことを**アクティブ画面**といいます。アクティブな状態になっている、というのは、いくつか表示されている画面（ウインドウ）の中で、一番前面（最前面）にあることをいい、最前面にすることを**アクティベーション**といいます。
　ウインドウの固定は、これらの前面、背面のやりとりをストップする代わりに、処理速度を上げることを意味します。

5　変数を設定 [$$Data_No；値：社員台帳::社員台帳 ID 照合フィールド]

　グローバル変数$$Data_No に社員台帳テーブルの「社員台帳 ID 照合フィールド」に格納されている値を代入（格納）しなさい、という命令文です。社員台帳の織田信長を開いてこのスクリプトを実行していたとすると、織田信長の社員番号は 1 なので、「社員台帳 ID 照合フィールド」には 1 が格納されていて、その 1 を$$Data_No に格納されます。

8　レイアウトの切り替え [「出張データ」（出張データ）]

　レイアウトを切り替えて出張データについて考えましょう、という命令です。最も FMP の特徴を表す命令です。

9　新規レコード / 検索条件

　レイアウトを切り替えたら、そのレイアウトを使って出張データのテーブルの新規レコードを実行します。命令文「新規レコード / 検索条件」の「/ 検索条件」の部分を消して考えてください。「/ 検索条件」は、検索モードのときの命令で、検索モードのときは「新規レコード」を消して考えます。
　画面を「出張データ」に切り替えて新規レコードボタンをクリックし、1 行追加された状態になります。そこへ、

10　計算結果を挿入 [選択 ....] が実行されます。

　前述したようにこの命令は不要です。にもかかわらず実行されると、2 度同じことをしている無駄な命令です。意味は、新しくできたレコードの「社員台帳 ID 照合フィールド」にグローバル変数$$Data_No で格納されている値を書きなさい、です。
　この命令がなくてもいい理由は、新規でレコードを生成した段階で、「社員台帳 ID 照合フィールド」にはグローバル変数$$Data_No の要求があるので、行番号 5 の「変数を設定」で格納している値を引き渡すことになるからです。もちろん、変数名がどちらも$$Data_No なので引き渡しができたのであって、スクリプトのグローバル変数とフィールドのグローバル変数名が違っていたら成立しません。

11　レイアウトの切り替え [元のレイアウト]

　「元のレイアウト」の代わりに「社員台帳」と指定しても同じです。ここでいったん、社員台帳に切り替わります。
　この段階では既に、出張データのレコードが 1 つ増えている（行番号 9 の命令による）ので、ポータル行はこれに伴って空っぽの 1 行が増えています。ポータル行は、「::出張データ｜日付の昇順」でソートされるように設定しているので、ポータル行の中では一番上にソートされます。
　このため、

12　ポータル内の行へ移動 [選択；最初の] で、空っぽの 1 行を選択し、さらに、

13　フィールドへ移動 [出張データ :: 出張｜日付] で、ポータル行の日付を選択して終了します。

　完成したら、保存してレイアウトモードでボタンに貼付け、再度保存してブラウズで正しく実行するか確かめます。

正しくできたならば、今度は行番号 10 を無効にして実行してみます。

一度書いたスクリプトを無効または有効にするには、スクリプトワークスからスクリプトを表示します。

スクリプトを無効 / 有効に切り替える方法

[1] 無効または有効にしたいスクリプトを選択します。

[2] メニューの編集から「無効 / 有効」を選択します。

[3] スクリプトを保存してから実行します。

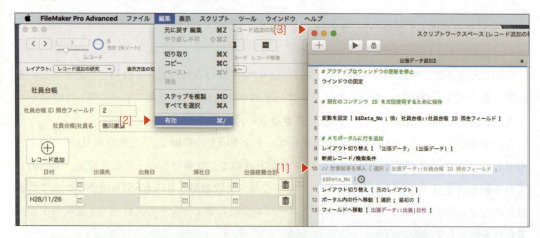

別解 1：スタンダードなスクリプトの作成

フィールドにグローバル変数をセットしておいて、新規レコードになったらグローバル変数を使って引数を引き渡し、担当制とそのデータの関係を作る方法が理解できたら、スタンダードな担当制とそのデータの関係を作るスクリプトを紹介します。

リレーションシップ・グラフから出張データのチェックを外し、ブラウズでポータル行侵入後、レコードが自動的に 1 行増えるという状態を回避します（1 行増えるかどうかは好みによります）。

グローバル変数をフィールドから削除します（下図）。

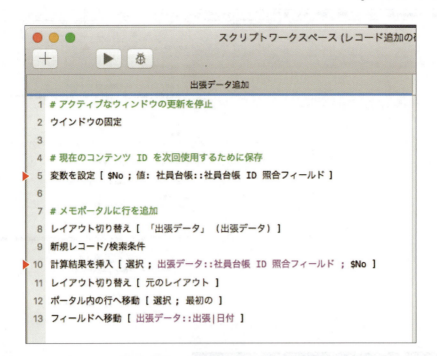

複製するなどしてスクリプトを作成します。

行番号5と10を上のスクリプトのように書き換えて、保存し実行します。

担当番号をグローバル変数で引き渡しする方法を使わなくても、「そのデータ」が複数でないならば、上記のようなスクリプトでも正解です。

行番号11の「元のレイアウト」を、社員台帳にしても同じです。

デバッガと変数監視

FMPのスクリプトは、りっぱなプログラミング言語なので、実行をチェックする環境が必要です。Advancedにはデバッガとデータビュアがあります。

FMPで行うスクリプトのデバッグとデータの監視を見ることにします。

スクリプトデバッガを開くためには、メニューのツールに「スクリプトデバッガ」があります。同じようにメニューのツールに「データビュア」があるので、2つ選択してオープンします。

2つをオープンしたままで「レコード追加」のボタンをクリックし、スクリプトを実行させます。

デバッガは、スクリプトデバッガをオープンしたときから起動しています。ボタンをクリックしてスクリプトを起動しても、画面上は何も起こりません。デバッガの画面にはスクリプトがセットされます。

スクリプトを1行1行実行させます。そのためには、デバッガの ボタンをクリックします。呼び出されたスクリプトは、コマ送りのように1行1行実行します。

どのタイミングで何が変化するか、確かめることができます。

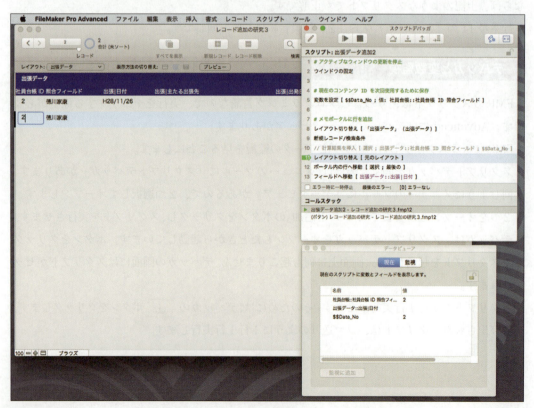

§2 レコードの追加作法

別解２：スクリプトを使ってポータル行にレコードを自動追加する

リレーションシップで、「このリレーションシップを使用して、このテーブルでのレコード作成を許可」にチェックを入れると、レコードが追加されることを見てきました。

このことを利用してスクリプトにするならば、２行で完結します。

```
1  # 2行で簡単レコード追加
2  ポータル内の行へ移動  [ 選択；最後の ]
3  フィールドへ移動  [ 出張データ :: 出張｜日付 ]
```

上記のようなスクリプトを作成して、リレーションシップ・グラフで「このリレーションシップを使用して、このテーブルでのレコード作成を許可」にチェックを入れることを忘れないようにします。

リレーションシップとポータル内の行を追加する方法でレコード追加をするスクリプトは、FMP が提供するソリューション例に多く見られます。

ドクターズからの補足説明

「担当制」と「そのデータ」を図で書くと、担当となるカードは、担当者が1名増えるごとに1枚増えます（下図参照）。

中には、何かの理由で削除となることもあるかもしれません。削除になってもその番号は欠番となって、また増えれば欠番に関係なく +1 が加算されて追加されます。最終カードが n 番のときは、次が n+1 で等差数列を意味します。

もしも、担当者がユニークで、n+1 の社員番号でない場合は、自動加算は必要ありません。

Dr. ノイマン曰く

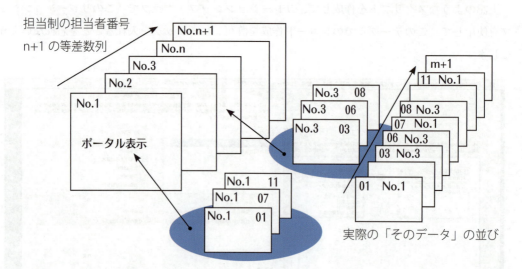

「そのデータ」が生成される時にどの担当のデータなのかが、リレーションシップしている参照フィールドに書き込まれます。「そのデータ」は、m+1 で自動増加します。m 番がユニークであるなら、重複なくカードを増やすことができます。

このルールさえ習得しておけば、「そのデータ 1」、「そのデータ 2」、「そのデータ 3」のように、担当制のカードに複数のポータルをぶら下げても、構造としては単純であることがわかるでしょう。

また、「そのデータ」側で集計することも可能になります。たとえば、このセクションの例でいうならば、出張先別集計というのがわかりやすいでしょう。出張期間別で集計もできます。

※ DB でいうユニークは、唯一無二をいいます。統計学では車両のバックナンバーのような名義的尺度のことで、重複がない値のことです。

§3 計算式と集計

FMPの1レコードは、1枚のカードを想定するようにできています。FMPの計算式も1件のレコード（カード内）で完結するようにできています。何かの条件で検索し、集められたカードを束ねて串刺しにしたものが集計です。

ここが表計算ソフトと違うところです。表計算ソフトは、自由にセル範囲を指定して合計したりできますが、FMPをはじめDBソフトはそれができません。

そこでFMPは、集計した結果のレイアウトを残すことで、集計業務を自動化するようにできています。

このセクションでは、FMPが初代から備わっている集計の基本操作を紹介します。

科目別合計とデータ表示

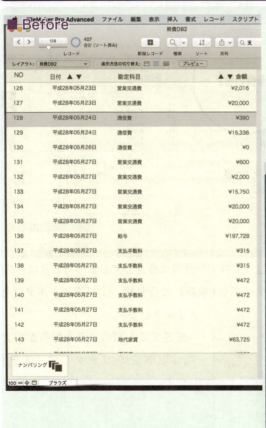

Beforeは、セクション1で用いたナンバリングの経費データです。このデータを使って、Afterのように各科目の合計とそのデータ（伝票）全体の合計を算出します。

また各科目ごとに配色を変えて、データと見分けがつくようにします。

準備1　集計機能を使って集計して合計する

FMPでは、合計と集計を明確に分けています。

そのレコード（カード）内でのフィールドの数字を合算することを**合計**といい、束ねたレコードを串刺しして合計することを**集計**といいます。具体的には、「金額」フィールドと「消費税」フィールドとを加算したフィールドを「支出」フィールドとした場合、「支出」フィールドは、金額と消費税の合計フィールドといいます。繰り返しフィールドの場合も同じです。

各レコードには「金額」フィールドがあって、その合計をとる時には「集計」を選びます。

集計を行うためには、[1] メニューのファイル > 管理 ▶ データベース... を選択し、「フィールド」タブを選択し[2]、[3]「経費DB2」に新規に、[4] フィールド「合計金額」を追加します。

「合計金額」のタイプは集計ですが、もし間違って数字や計算に指定してしまったときは、[5]再度「合計金額」のフィールドを選択し、[6] タイプを(集計)に合わせ、[7]「変更」ボタンをクリックします。

変更すると図のような警告が出ます。[8]OKをクリックして「変更」します。

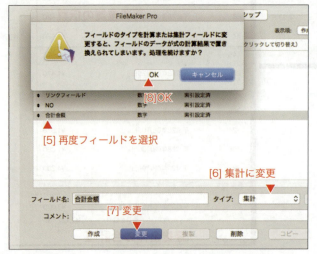

タイプ：集計を決定するか、または集計に変更すると、下記のような集計オプション画面が出ます。

[1]「合計」にチェックを入れ、[2]「金額」を選択したら、「ソート対象」の画面が追加されます。

[3] 経費DB2であることを確認し、[4]「勘定科目」を選択します。[5]「現在の合計」と「ソートされた...」にチェックを入れてOKしてください。

上図のようにフィールドの定義が終了したら、レイアウトモードに切り替えて、[1]「金額」フィールドを複製し、[2] 複製したフィールドをWクリックして「フィールド指定」画面を呼び出し、[3]「合計金額」を選択してOKします。

「合計金額」フィールドをフッタに調整して配置します。

上図のように、全レコードの合計値がフッタに算出されたならば完成です。

準備2　検索した結果の合計を確かめる：クイック検索

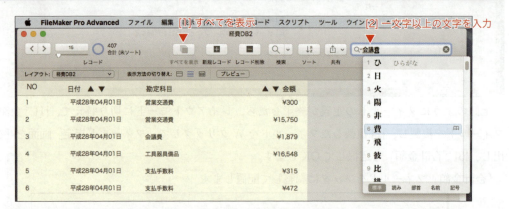

　ブラウズ画面で [1] すべてを表示しレコード全体を表示したら、右の「クイック検索」フィールドに、例えば [2]「会議費」と入力し、return キー（win は Enter）を押して検索します。「クイック検索」フィールドが見当たらないときは、画面を横に引き延ばして表示させます。

§3 計算式と集計

準備3　集計レイアウトを作成する

集計フィールドを作成して科目を検索すれば、その科目の金額の合計が算出されます。これを、レイアウト切り替えとソートを使って実現します。

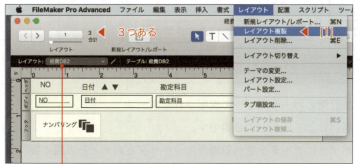

科目別集計のレイアウトを作成します。

[1] メニューのレイアウト ＞ レイアウト複製 を選択します。

「レイアウト複製」をすると、画面に大きな変化はありませんが、レイアウト数が増えて4になり、レイアウト名は「経費DB2 コピー」になっています [2]。

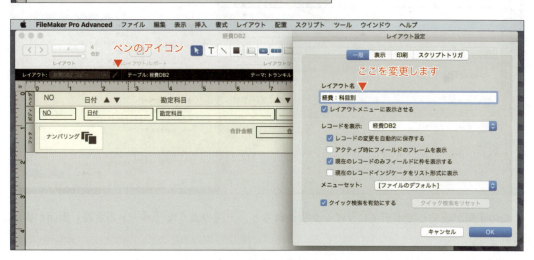

「経費DB2 コピー」というレイアウトの名称を変えます。

レイアウト名の横にあるペンアイコン　　　をクリックするか、メニューのレイアウト ＞ レイアウト設定... を選択し、「レイアウト設定」画面を出して、レイアウト名「経費：科目別」とし OK します。

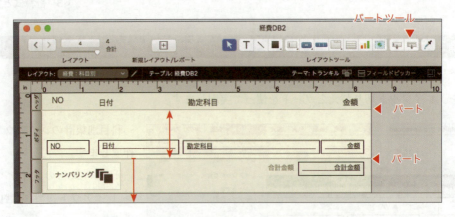

 仕分けたグループの集計は、集計用のパートによって支配されます。

 科目別の集計をする場合は、科目によるパートが必要です。

 科目別の合計が先頭に来て、ボディにデータを並べる場合は、ヘッダとボディとの間に集計用のパートラインを引きます。

 上図はボディの幅を広くして、広くなったところに集計ラインを引くことを実行するものです。

 上図のように配置を変え、準備ができたらパートツールを選択して、ボディエリアをドラッグします。

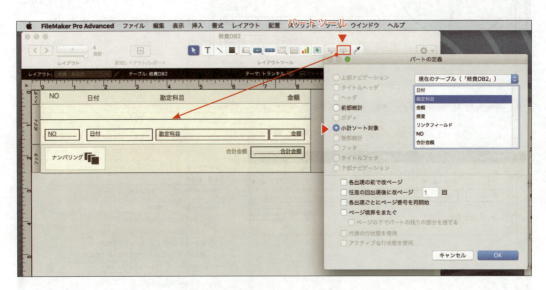

 この手順が成功してボディにラインが引かれると、上図のような「パートの定義」画面が表示されます。

 「勘定科目」を選択して、「小計ソート対象」にチェックを入れて OK します。

 意味するところは、ドラッグしてボディを分割したラインは、勘定科目のソートが実行されると仕分けして、各科目ごとにパートが別れて集計します、ということになります。

§3 計算式と集計

勘定科目のパートができたら、図のようにフィールドやコメントを移動して調整してください。

パートのライン上にフィールドが触れると、集計は上手くいきません。慣れないうちは、隙間をたっぷりとって、エラーを防止しながら作るのがいいでしょう。

パート全体の配色を変えるためには、パート名のボタンを選択して右クリックし、「塗りつぶし色」のパレットから配色します（図参照）。

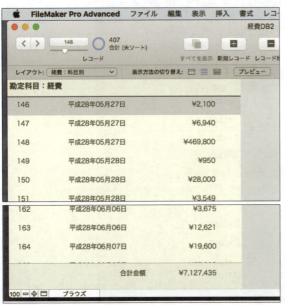

レイアウトが完成したら、ブラウズモードにしてみます。

図のように、レイアウトした内容は反映されていません。

科目別集計は、ソートを実行した結果として仕分けされます。

そこで、ステータスバーにある「ソート」ボタンをクリックします。

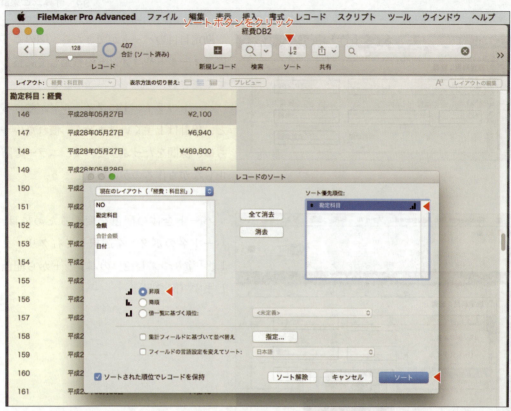

「ソート」ボタンをクリックして「レコードのソート」画面がでたら、勘定科目を選択して、昇順／降順を選択し、「ソート」ボタンをクリックします。

結果、下図のような仕分けによる集計が表示されます。

§3　計算式と集計

【これまでのまとめ】
1．FMP での集計は、フィールド定義によって何を集計するかを決定しなくてはならない。
2．集計を算出するためには、ブラウズモードでソートを実行した後に表示される。
3．あらかじめレイアウトモードで、集計行（パート）を指定する必要がある。
　上記の掟は、スクリプトを使ったボタンの作成やポータル表示でも使います。

科目別合計のみの表示

新しく科目別のレイアウトを複製し、下図のような科目合計だけの一覧を表示させます。

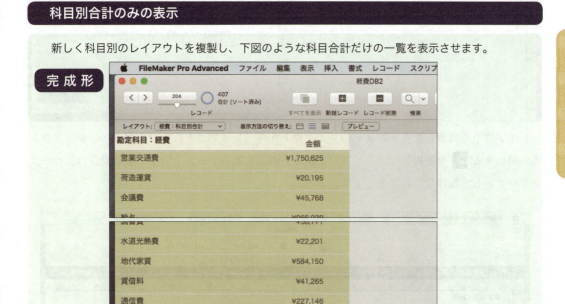

すでに集計に成功している「経費：科目別」レイアウトを複製して、レイアウト名を「経費：科目別合計」とします。

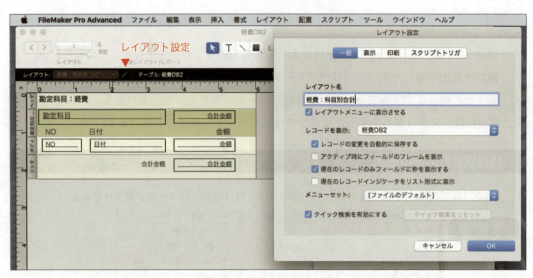

　レイアウトを複製したらメニューのレイアウトから「レイアウト設定」を選ぶか、レイアウト名の隣にある ✎ を選択して「レイアウト設定」画面を表示する、という一連の動作は、ルーチンワークとして履修しておきましょう。

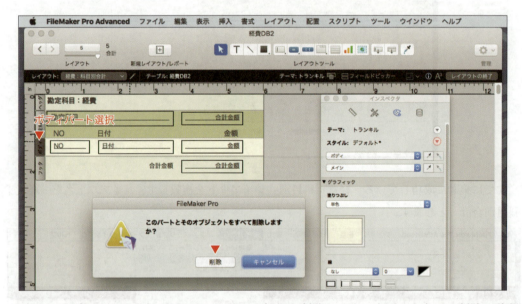

　ボディを選択し、キーボードの delete キーを押して削除します。上図のように、削除の確認のアラートが出たら、「削除」をクリックして削除します。
　後は、フィールドを移動したり、インスペクタを使ってレイアウトを調整します。
　間違ってパートを削除した場合は、そのレイアウトを保存さえしなければいいので、「レイアウト終了」ボタンをクリックして「保存しない」を選択し、削除を回避します。

§3 計算式と集計

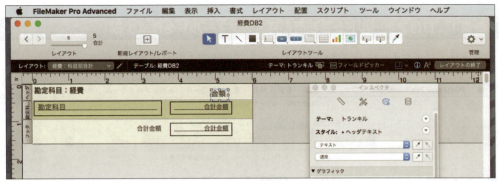

レイアウトが完成したら、ブラウズモードに切り替えてソートを行い、集計のみの画面を確認ができれば成功です。

月別合計と計算式

データの日付から、月末集計した合計値を月別に集計します。

月末集計は、その月の合計なので月末日を使わずとも月名だけで集計ができます。完成した経費集計のソリューションを毎年連続して利用する場合は、日付表示を年（西暦／和暦）に表示して管理します。

完 成 形

準備1　日付フィールドから和暦と月名のフィールドを作成する

新規にフィールドを作成し、計算式を入れて、和暦表示と月名を表示します。

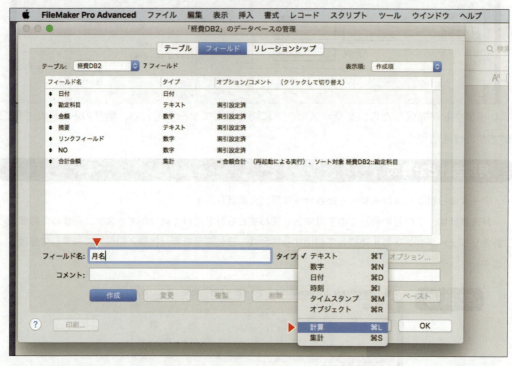

テーブル「経費DB2」に「月名」フィールドを追加し、タイプを「計算」とします（上図）。計算式は、YearName関数を使います（下図）。

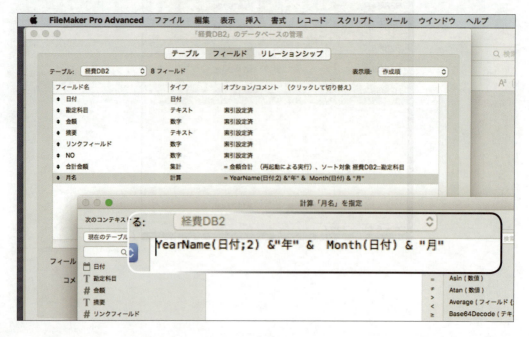

§3 計算式と集計

　テーブル「経費DB2」のレイアウトに切り替えて、下図のように「月名」フィールドを追加して表示できるようにします。

　レイアウトに「月名」フィールドを追加したらブラウズに切り替えて、年と月名が表示されていることを確認します。

準備2　月名による合計金額のレイアウトを作る

　レイアウト「経費：科目別合計」を利用して月別集計のレイアウトを作成します。

　「経費：科目別合計」に切り替え、ソートして科目別表示が成功していることを確認します。

「経費:科目別合計」のレイアウトを開き、メニューのレイアウト > レイアウトの複製 を選択して複製を作成し、✎ から「レイアウト設定」画面を出して「経費:月別合計」と入れて OK します。

レイアウト「経費:月別合計」が完成したら、勘定科目のパートボタンを W クリックして「パート定義」画面を出し、「月名」を選び、小計ソート対象を変更します。

また勘定科目フィールドを W クリックして「月名」に変更します。

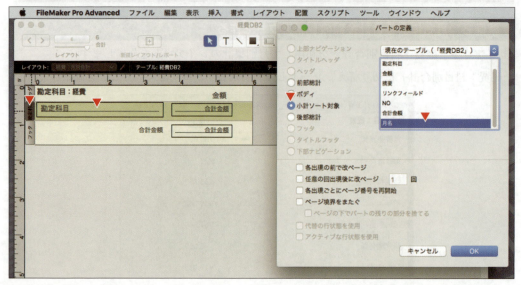

レイアウトを終了して保存し、ブラウズモードに切り替えます。「ソート」ボタンをクリックし、「レコードのソート」を下図のように「月名」に変更し「ソート」を実行します。

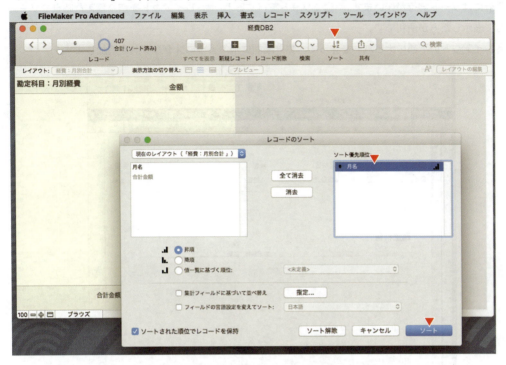

「ソート」を実行して下図のように月ごとに集計ができたら、月別集計は完成です。

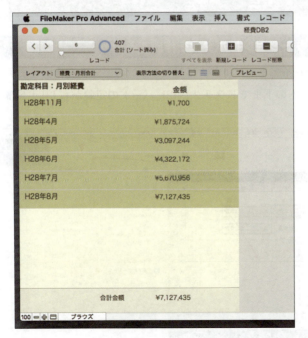

集計をスクリプトボタンにする

　集計にはソート実行が伴います。手動でソート実行するよりも、レイアウトを切り替えた時点でソートして表示した方が便利です。

　各レイアウトの下部にナビバーを作って、集計画面に飛ぶようにスクリプトを追加します。

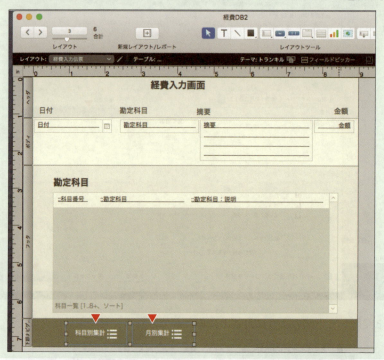

準備1　下部ナビゲーションにボタンを作成する

　「経費：月別合計」のレイアウトに下部ナビゲーションのパートを作成します。[1] パートツールを選択してフッタパートの下までドラッグし [2]、パートの定義から [3]「下部ナビゲーション」を選択します。

§3 計算式と集計

すると、下図のようにパートが追加されます。

　下部/上部ナビゲーションのパートは、ボタンを貼付けてページをめくったり、画面サイズを変えるなどのスクリプト専用のボタン置き場です。webやファイルメーカーGoなどのナビゲーションエリアを想定しています。

　下部ナビゲーションの配色を変えるときは、勘定科目集計のときと同じく、パートのボタンをクリックしていったん選択し、右クリックして下図のように短冊状のメニューの中の「塗りつぶし色」を選択して配色を変えます。ボタンは、ボタンツールを使って下部ナビゲーション・パートに作ります。作ったボタンの配色は、インスペクタを使って整えます。一つは「科目別集計」という名称のボタンにします。

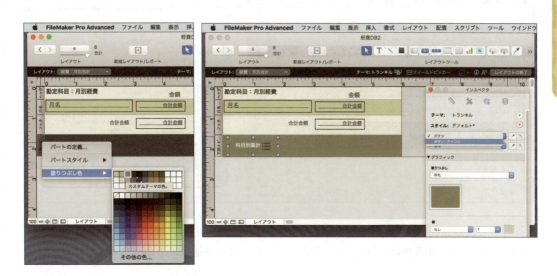

　次に、そのボタンを選択して、メニューの編集の「複製」を行い、2つ目のボタンを作ります。2つ目のボタン名は「月別集計」とします。

117

準備2　スクリプトの作成

「科目別集計」に飛ぶスクリプトを作成します。

手動で行う手順を思い返しながら作成します。

「科目別集計」を行うためには、【手順1】レコード全部を表示させます。次に、【手順2】レイアウトを科目別に集計するレイアウト「経費：科目別合計」に飛びます。【手順3】ソートを実行します。

以上が、手動での手順でした。

これをスクリプトに置き換えます。

スクリプトワークスから新規スクリプトを作成し、スクリプト名「科目別集計」とします。

【手順1】を実現するのは、「全レコード表示」です。これを選択するか、エディタに直接入力します。

【手順2】を実現するためには、「レイアウトの切り替え」を選択し、上図のようにレイアウト名を「経費：科目別合計」とします。

【手順3】を実現するために、「レコードのソート」としダイアログはオフにして、⚙ をクリックし、レコードのソートの優先順位を下図のように「勘定科目」に設定します。

手動の場合はこれでいいのですが、スクリプトで自動化するときは、念のために以下のステップを追加します。

　スクリプトが完成したら、このスクリプトを複製して「月別集計」のスクリプトを作成します。
　スクリプトワークスのリストバーのアイコンをクリックしてスクリプトを出し、今作った「科目別集計」のスクリプトを選択し、右クリックしてメニューから「複製」を選択するか、メニューの編集から「複製　⌘D」を選択します（下図）。

　スクリプトを複製したら、「月別集計」とスクリプト名を変更します。
　レイアウト名とソート項目を変えるだけで、残りはほぼ同じなので、新たに作成するよりも複製でスクリプトを作成する方がずっと効率的です。
　練習のためと称して新規で最初から入力するよりは、複製の方が入力エラーが少なく、スクリプトを作成するための思考にも影響します。

レイアウト名を切り替え（上図）、ソートの優先順位を「月名」（下図）に切り替えて保存すれば完成です。

スクリプトを保存してから、ボタンに貼付けてください。スクリプトワークスを保存せずに、ボタン設定を呼び出してスクリプトを貼付けても、正しく作動しません。スクリプトは、保存されている最新のステップを実行します。

レイアウト画面で各ボタンに一つ一つスクリプトを貼付けます。

2つのボタンが正しく稼働することをブラウズモードで確認できたら、レイアウトモードに切り替えて、Shift キーなどを使って、[1] 2つのボタンを同時に選択してコピーし、レイアウトのスライダーを使うなどして別のレイアウトに切り替えて [2]、下部ナビゲーションを増やし、そこにペーストします。

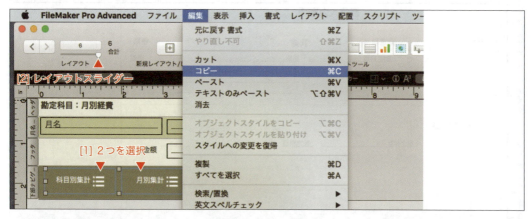

下図は、経費入力画面にパートツールを使って、下部ナビゲーション・パートを作成しているところです。

　パートのコピーはできません。そのため、レイアウトの複製を作ってパート位置を変化させないようにします。作成したボタンはレイアウトのページにコピー＆ペースを使って作成してください。

　第3章でも解説しますが、上部/下部ナビゲーションのボタンの位置は、できるだけ同じ位置に設置する方が処理速度の視点からもいいので、インスペクタの「位置」タブにある【位置】のフィールドを使って、レイアウトが変わってもボタン位置をぴったりと合わせた方がいいでしょう。

　反対に、レイアウトが変わるごとにボタンの位置が異なるのは、処理速度の点からはよくない方法になります。

§4 ルックアップと繰り返しフィールド

　FMPのルックアップと表計算ソフトのルックアップは、結果が同じように見えても、利用する上で意味するところは全く違います。

　また、FMPの中でも、ルックアップとリンクによるフィールド表示も、似て非なるものです。

　これらの違いを理解した上で、FMPの繰り返しフィールドにルックアップを活用します。

　このセクションでは最初に、表計算ソフトでいうルックアップ関数の例を解説します。

　次に、表計算ソフトでいうルックアップ関数の例をFMPに応用して解説し、繰り返しフィールドとともに発展して説明します。

表計算ソフトのルックアップ関数の活用

　表計算ソフトを使って、下図のように、右側のB列にコードを入力するだけで、C列、D列、F列、G列は、右の価格表からルックアップしてきます。

　表計算ソフトのルックアップは、応用範囲も広く、DB機能として知っておきたい基本操作です。簡潔に説明するために、1枚のシートのJ列からN列までを、価格表（ルックアップされる側のデータ）とします。昔は「参照ファイル」とか「マスターファイル」といって区別していました。

　これに比して、A列からH列までのファイルを、トランザクションファイルなどといっていましたが、

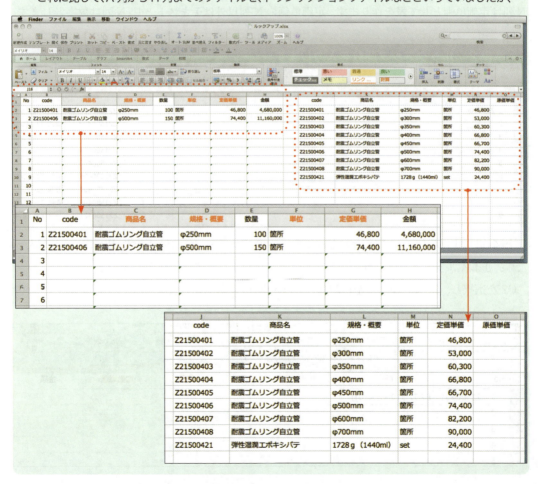

リレーションシップの時代になって意味のない用語となりました。

替わって今日では、ルックアップされる側のデータとルックアップによって表示されるフィールド、という関係で語るようになりました。

準備1　ルックアップされるデータの作成

	I	J	K	L	M	N	O	P
		code	商品名	規格・概要	単位	定価単価	原価単価	
		Z21500401	耐震ゴムリング自立管	φ250mm	箇所	46,800		
		Z21500402	耐震ゴムリング自立管	φ300mm	箇所	53,000		
		Z21500403	耐震ゴムリング自立管	φ350mm	箇所	60,300		
		Z21500404	耐震ゴムリング自立管	φ400mm	箇所	66,800		
		Z21500405	耐震ゴムリング自立管	φ450mm	箇所	66,700		
		Z21500406	耐震ゴムリング自立管	φ500mm	箇所	74,400		
		Z21500407	耐震ゴムリング自立管	φ600mm	箇所	82,200		
		Z21500408	耐震ゴムリング自立管	φ700mm	箇所	90,000		
		Z21500421	弾性湿潤エポキシパテ	1728 g（1440ml）	set	24,400		

上図のように、J列には商品コード、K列には商品名（製品名）、L列は規格と概要、M列は単位、N列は定価単価として表を作ります。定価単価のN列以外はテキストとし、N列は数字とします。

準備2　ルックアップ関数を入力します

	A	B	C	D	E	F	G	H	I	J	K
1	No	code	商品名	規格・概要	数量	単位	定価単価	金額		code	商品
2	1	Z21500401								Z21500401	耐震ゴムリング
3	2									Z21500402	耐震ゴムリング
4	3									Z21500403	耐震ゴムリング
5	4									Z21500404	耐震ゴムリング
6	5									Z21500405	耐震ゴムリング
7	6									Z21500406	耐震ゴムリング
8	7									Z21500407	耐震ゴムリング
9	8									Z21500408	耐震ゴムリング
10	9									Z21500421	弾性湿潤エポキ

上図B2にJ列からコードを1つ、どれでもいいのでコピーして貼付けます。B2にコードが入ったら、正しくルックアップされるかどうか確認しながら、数式を作ります。

C2を選択し、IF文を使って空白制御し、LOOKUP関数をかきます。

§4 ルックアップと繰り返しフィールド

マウスを使って書くと、

=IF(B2<>"",LOOKUP(B2,J2:J10,K2:K10))

となるはずです。これにキーボードを使って、以下のように編集します。

=IF(B2<>"",LOOKUP(B2,$J$2:$J$10,$K$2:$K$10),"")

C2が完成したら、C2の数式をD2にコピー＆ペーストして貼付け、以下のように編集します。

=IF(B2<>"",LOOKUP(B2,$J$2:$J$10,$L$2:$L$10),"")

D2の後は、F2です。コピー＆ペーストを使って編集し、

=IF(B2<>"",LOOKUP(B2,$J$2:$J$10,$M$2:$M$10),"")

最後は、G2です。同様に、

=IF(B2<>"",LOOKUP(B2,$J$2:$J$10,$N$2:$N$10),"")

ルックアップ関数を書き込むセルはこれで終わりです。後は、数量と定価単価を×（掛ける）ための金額算出の数式をH2に入れます。

=IF(G2<>"",E2*G2,"")

シートの2行目の数式が正しく入力できたか確認しながら進めます。数量に100を入れて正しく計算できているか確認します（下図）。

ここまでできたら、G列を選択して、数字にカンマを入れます。

次に、C2からH2までの横1列を選択します。選択セルのハンドルを下方向にドラッグして数式を各行にペーストします。

C2 =IF(B2<>"",LOOKUP(B2,$J$2:$J$10,$K$2:$K$10),"")

	A	B	C	D	E	F	G	H	I
1	No	code	商品名	規格・概要	数量	単位	定価単価	金額	
2	1	Z21500401	耐震ゴムリング自立管	φ250mm	100	箇所	46,800	4,680,000	
3	2				101				
4	3				102				
5	4				103				
6	5				104				
7	6				105				
8	7				106				
9	8				107				
10	9				108				
11	10				109				
12	11				110				
13	12				111				
14	13				112				
15	14				113				
16	15				114				
17	16								
18	17								

Sheet1 標準表示 コマンド 合計=4728405

数式のフィルが成功したら、上図のようになります。セルの左上にある緑三角は、何か数式が入っていますよ、という警告の印です。

E 列の連続した値をクリアして完成します。

完成したら、2行目（B3）に何かコードを入れて、完成していることを確認してください。

J16

	A	B	C	D	E	F	G	H	I
1	No	code	商品名	規格・概要	数量	単位	定価単価	金額	
2	1	Z21500401	耐震ゴムリング自立管	φ250mm	100	箇所	46,800	4,680,000	
3	2	Z21500406	耐震ゴムリング自立管	φ500mm	150	箇所	74,400	11,160,000	
4	3								
5	4								
6	5								
7	6								
8	7								
9	8								

表計算ソフトは、MacOS X 用の Excel を採用しました。

セル範囲やパラメーターの区切り記号は、各ソフトによって異なります。

表計算ソフトのルックアップは、セルに数式が入ったまま実現しているので、数式が入っているセルに別の値か何かが入力されると、ルックアップの数式が消えてしまうのでメンテナンスを考慮する必要があります。

さらに、ルックアップされる側のデータのサイズ（行数）が増えれば、それに伴ってセル範囲を変更しなくてはなりません。

表計算ソフトの数式は、セルが空白である場合の処理を IF 命令文などで行わなくてはならない、という欠点を克服できないまま今日まで進化してきました。

このため、表計算ソフトのルックアップは、一時的な大量データの処理をする時に使うことが多く、長く使う伝票処理のようなビジネス業務には不向きです。

§4 ルックアップと繰り返しフィールド

FMPのルックアップとリレーションシップ・フィールド

　FMPのルックアップを、郵便番号辞書を使って説明します。郵便番号をフィールドに入力するだけで、該当する住所の一部が表示されます。
　次に、リレーションシップによるフィールドの表示を確認し、ルックアップとの違いを理解します。

準備1　郵便番号辞書からルックアップするテーブルの作成

　郵便番号辞書は、郵便局のHPに入って、CSVファイルでダウンロードして自分で作ることもできます。

　下記の郵便番号辞書は、北海道地区のCSVファイルをFMPでインポートして作成したものです。

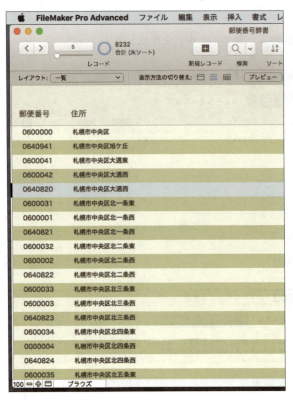

　ファイル名（ソリューション名）は「郵便番号辞書.fmp12」としました。

　テーブル名も同名で「郵便番号辞書」とします。

　フィールドは2つで、1つは郵便番号。もう1つは住所です。どちらもタイプはテキストです。レイアウト名は「一覧」とします。

　これに「住所録」というテーブルを作成し、フィールドは「郵便番号」と「住所1」とします。

　「住所録」がルックアップを実行する側のテーブルで、「郵便番号辞書」テーブルはルックアップされる側に当たります。

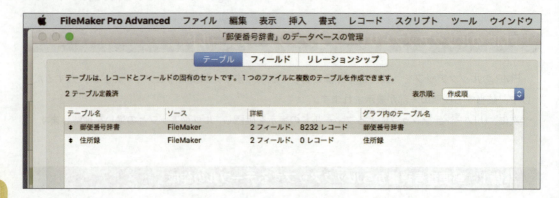

【テーブル】

「郵便番号辞書」のテーブルには2つのフィールドがあって、既にデータが格納されていることを確認したら、「住所録」テーブルを作成します（上図）。

【フィールド】

テーブルを「住所録」に切り替えて、下図のようなフィールドを作成します。

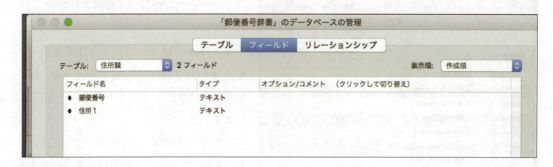

【リレーションシップ】

郵便番号フィールドでつなぎます（下図参照）。

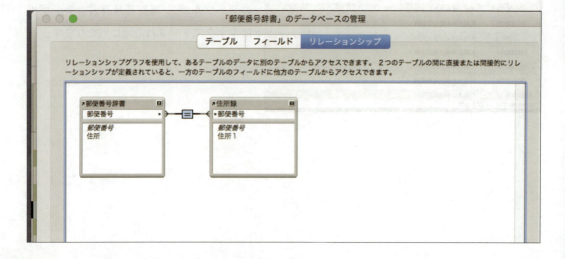

§4　ルックアップと繰り返しフィールド

【住所録のレイアウト】
　レイアウトモードに切り替えて、「住所録」に切り替え、郵便番号が入るフィールドとルックアップされて表示される「住所1」のフィールドをセットします。

準備2　郵便番号辞書から住所録へルックアップ表示する設定をします

　再び「データベースの管理」のテーブル「住所録」に合わせ、「住所1」のフィールドを選択したら、「オプション」をクリックして「入力値の自動化」タブの画面にある「ルックアップ値」にチェックを入れます。すると、「フィールド『住所1』のルックアップ」画面が出ます。

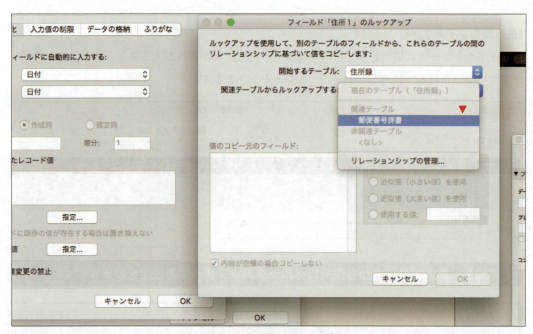

「開始するテーブル」は、ルックアップする側のテーブルをいいます。ルックアップして呼び出すテーブルなので「住所録」です。

「関連テーブルからルックアップする（テーブル）」は、ルックアップされる側のテーブルを指すので「郵便番号辞書」になります。

一致していたなら、「住所1」というフィールドに何を表示するのか、と聞いているので、「::住所」としてOKします。

その場合、「内容が空欄の場合...」にもチェックを入れます。

§4 ルックアップと繰り返しフィールド

準備3 ルックアップの感触を確かめる

　ブラウズモードに切り替えて、レイアウトを「住所録」とし、手動で新規レコードを作成して、郵便番号を入力してみましょう。該当する住所1が表示されたら成功です。

　また、入力用の郵便番号フィールドに、ハイフォン付きの数値を入れても、ハイフォンの代わりにスペースキーを入れても、住所が表示されます。

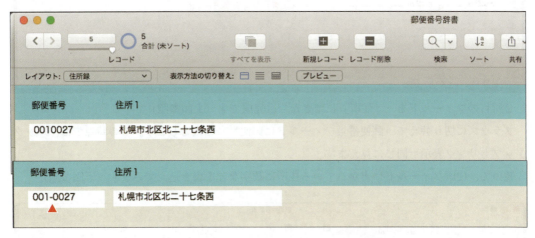

準備3 ルックアップとリンクフィールドとの比較

　ルックアップとリンクフィールドを比較するために、レイアウトモードに切り替えて、郵便番号フィールドを複製して下に並べます。

　次に、「住所1」フィールドを選択して複製し、「フィールド指定」画面でテーブル「郵便番号辞書」に切り替えます。

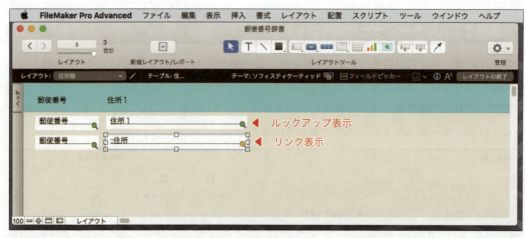

2行目のフィールドを「::住所」にできたら、完成です（上図参照）。

ブラウズに切り替えて、郵便番号フィールドに郵便番号を入力します。この時点では、ルックアップもリンク表示も同じに見えます。

続いて、住所フィールドに書かれている住所に数字などを書き込んでみます（下図参照）。

郵便番号辞書のデータを再度見直してみると、リンク表示で直した住所が反映され書き変わっていることがわかります。

つまり、ルックアップは、元のデータを書き換えることがなく、呼び出してフィールドにペーストしているのに比べ、リンクフィールドは、フィールドに何も制御をしないままであるなら、上書きされて書き変わることがわかります。

【重要】
■ルックアップによる表示は、ペーストした結果と同じ。
■リンクフィールドの表示は、リンク元のデータそのもの。

§4 ルックアップと繰り返しフィールド

繰り返しフィールドの作法

FMPは、ルックアップと繰り返しフィールドによって、表計算ソフトを凌駕してきました。レコード主体となった現在でも、ルックアップと繰り返しフィールドは健在です。

繰り返しフィールドの利点は、ページングです。出力サイズに合わせてデザインできるところが優れているので、伝票をイメージするDBを題材にしたものは、FMPが採用されました。

しかし、欠点もあります。

繰り返しフィールドを使ってしまうと、検索は繰り返しフィールドの最初の行だけが対象になります。

2つのテーブルを作ります。表計算ソフトのルックアップで使った商品一覧のテーブルと、伝票作成のためのテーブルを作って、下図のように表計算ソフトの例題をFMPで再現します。

準備1　xlsxファイルからFMPソリューションを作成する

第1章で練習したように、Excelのファイル「ルックアップ.xlsx」をFMPソリューション「FMPルックアップ」に作成します。変換すると下図のようになります。

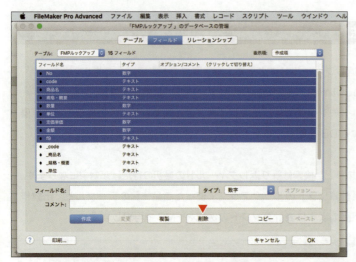

必要なのは、ルックアップされる側の価格表なので、不要なフィールドを選択して削除します。フィールドを連続して選択するためには、Shiftキーを押しながら選びます。

不要なフィールドの削除が終了したら、改めてフィールドに名称を「変更」して入力します。

フィールドとタイプを整えます（上図参照）。

テーブルを選択して、テーブル名を「価格表」に変更します。

§4 ルックアップと繰り返しフィールド

「価格表」に変更できたら、新規テーブルとして「見積もり」テーブルを作成します。

「見積もり」テーブルを作成したら、フィールドに戻って、テーブルを「価格表」に合わせ [1]、Shift キーを使って、すべてのフィールドを選択します [2]。すべて選択できたら、[3]「コピー」ボタンをクリックします。

[4] テーブルを「見積もり」に合わせ、[5]「ペースト」ボタンをクリックします。

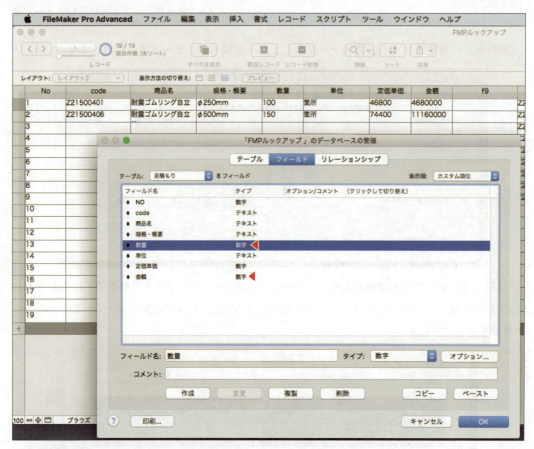

見積もりに必要な「数量」と「金額」のフィールドを追加します（上図）。

金額を再度選択して、タイプを「計算」にします（下図）。

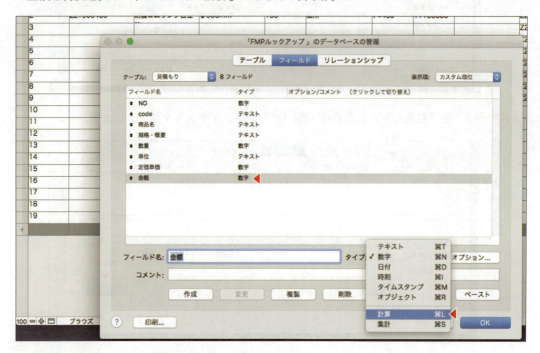

§4 ルックアップと繰り返しフィールド

金額に入る計算式は、[1] から [3] までの順でクリックすれば式ができます。また、キーボードから文字入力しても同じです。

確認事項として、計算結果は「数字」であることと、空白処理のところです。

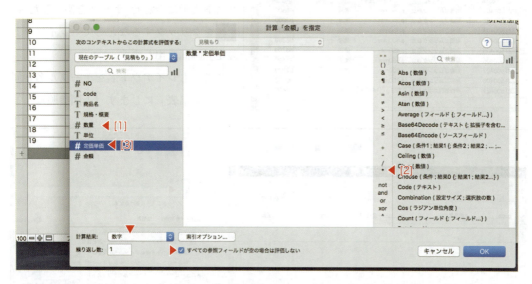

数式を入れて OK したら、下図のように金額フィールドには数式が格納されていることが示されます。

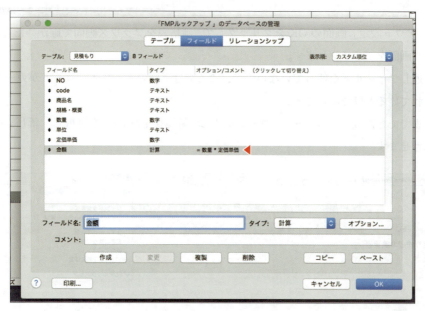

見積もり（ルックアップして価格表から該当データを呼び出す）テーブルのフィールド定義が出たところで、価格表と見積もりのレイアウト作業に移ります。

137

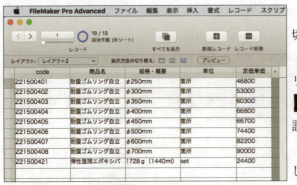

一覧表示している価格表をリスト表示に切り替え、レイアウトモードにします。

下図のようにフィールドとコメント文をリスト表示に合わせ、ボディを狭くしたら、をクリックするなどして「レイアウト設定」画面を出します。

ここでもレイアウト名をテーブル名と同じく「価格表」にします（下図参照）。

「レイアウト設定」画面の OK をクリックして、価格表をブラウズ画面で確かめたら、次は「見積もり」画面をデザインします。

繰り返しフィールドを使っていないので、ここでは下図のように 1 レコードがカードのように表示されているだけでいいです。

ここまでできたら、メニュー ＞ ウインドウ ＞ 新規ウインドウ を選択し、新しくウインドウを表示させます。

§4 ルックアップと繰り返しフィールド

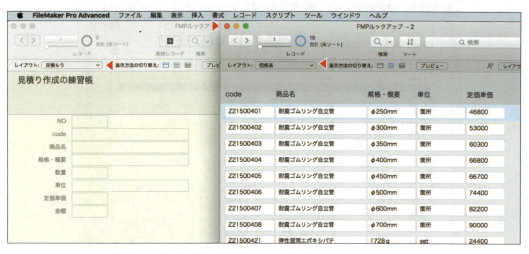

　新規ウインドウを行うと、同じ画面が2枚になります。そこで、アクティブな1枚を少しずらすなどして2枚出ていることを確認し、1枚を「レイアウト：見積もり」に、もう1枚を「レイアウト：価格表」に切り替えます（上図参照）。

　新規ウインドウを解除するためには画面を閉じればいいので、MacOS Xでは、●をクリックして閉じるか、Windows10では、ウインドウの右端にあるクロスボタン×をクリックします。

　新規ウインドウを使えば、レイアウトしている画面やブラウズ画面を同時に開くことができるので便利です。ただし、レイアウトやスクリプトの保存を実行しないうちは反映されないので、注意しておくといいでしょう。

　次に、データベースの管理から「リレーションシップ」を選択し、価格表テーブルの「code」と見積もりテーブルの「code」をつなぎます。

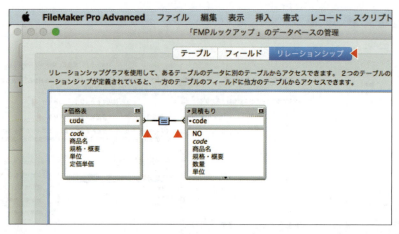

　これで、価格表からコードを使って商品名や規格、単位、定価単価を引き出す準備が整いました。
　これだけでは、見積もりのcodeフィールドに商品コードを入力しても、何も変わりません。
　実際に「見積もり」テーブル側から、codeフィールドを使って呼び出しをするためには、見積もりの各フィールドに、ルックアップ設定をする必要があります。

139

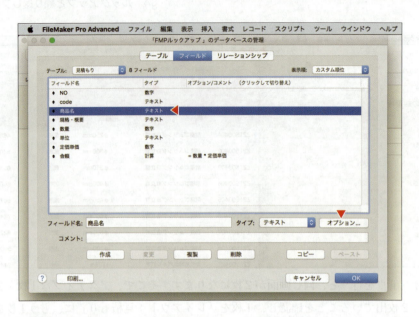

「フィールド」タブを選択したら「商品名」フィールドを選択し、「オプション」ボタンをクリックします（上図）。

オプション画面では「ルックアップ値」にチェックを入れ、「フィールド『商品名』のルックアップ」画面を表示します。

先の郵便番号辞書の例題と同じく、「開始するテーブル」つまり呼び出す方のテーブルは「見積もり」、呼び出される方は「価格表」にします。何を呼び出すかというと「価格表」の中の「::商品名」です。一致しない場合は、「コピーしない」を選択しておくことにします。

空欄処理をチェックしたら、OKです。

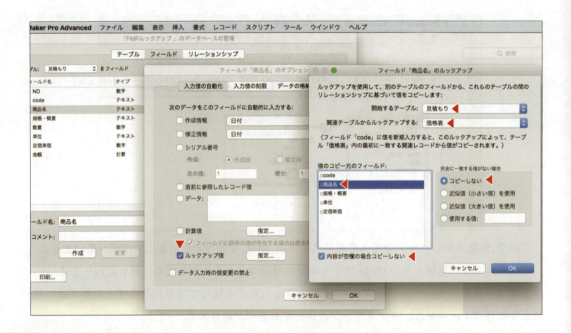

§4 ルックアップと繰り返しフィールド

商品名フィールドのルックアップ設定が終了したら、「規格・概要」、「単位」、「定価単価」のフィールドも同様に、価格表からそれぞれ「::規格・概要」、「::単位」、「::定価単価」が表示するようにしてルックアップを完成します。

見積もりのレイアウトを下図のようにしておきます。

コピー&ペーストするなどして、価格表のコードをコピーし、見積もりに貼付けてみましょう。

下図のように、ルックアップの定義前に入力してる場合は、メニュー > レコード > フィールド内容の再ルックアップ を使って、ルックアップします。

再ルックアップすると、下図のような警告が出ますので OK します。

141

ルックアップは、フィールドに文字をペーストするだけなので、再ルックアップができることと、再ルックアップの時には警告が出ることは、スクリプトを作成する上で重要な知識になります。

上図のようにルックアップが成功したなら、今までのルックアップの復習は終了です。

準備2　繰り返しフィールドを定義する

それぞれのフィールドを、10個の繰り返しフィールドにします。

データベースの管理から「見積もり」テーブルの「NO」フィールドを選択します。

「NO」フィールドのオプションをクリックし、オプション画面の「データの格納」タブを選択します。

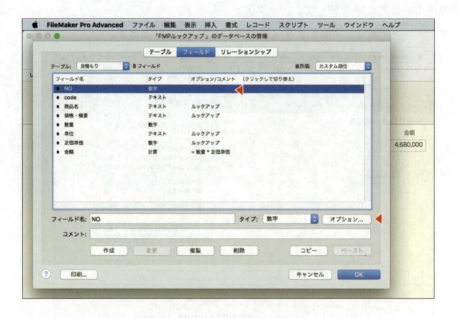

§4 ルックアップと繰り返しフィールド

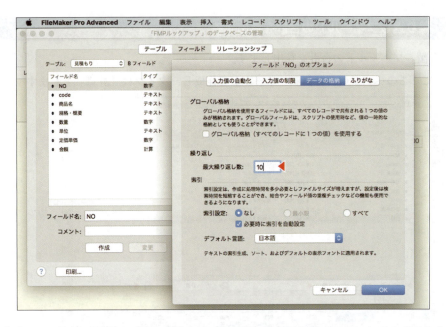

「データの格納」画面の「繰り返し」にある最大繰り返し数を 10 にして、OK をクリックします。これで、「NO」フィールドは、10 個の繰り返しフィールドとなります。

以下同様に、「定価単価」フィールドまで、10 個の最大繰り返しフィールドに設定します。

「金額」フィールドのような数式が入っているフィールドの場合は、計算式の指定画面の左下に繰り返し数を入力するフィールドがあります。ここに 10 を入力して完成します。

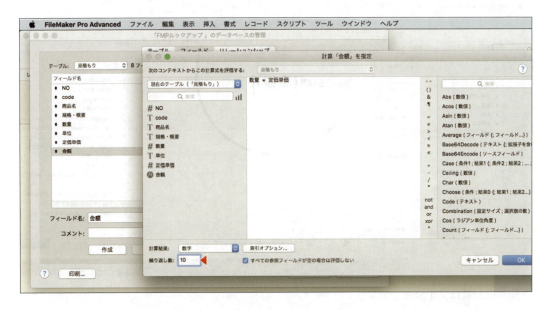

準備3　繰り返しフィールドの合計を算出する

10個の「金額」フィールドの合計を算出します。

下図のように「このページの合計値」フィールドを作成し、タイプは「計算」とします。

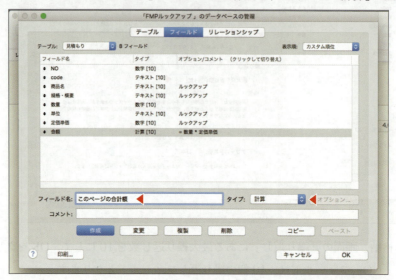

計算式は「金額」フィールドの合計なので、Sum関数を使います。下図のように、計算式をクリックして呼び出すか、キーボードから入力して式を作ります。

繰り返し数は、1のままです。

§4　ルックアップと繰り返しフィールド

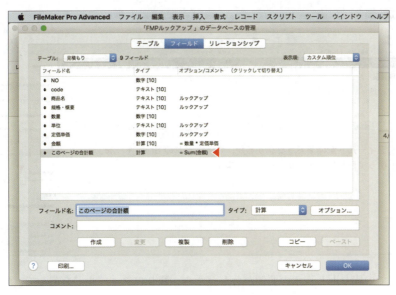

　「見積もり」テーブルのフィールドが、上図のようにできたら完成です。OK をクリックして、今度はレイアウトで反映させます。

準備4　繰り返しフィールドを配置する

　「見積もり」のレイアウトモードに切り替えたら、インスペクタを表示し、 にセットします。「NO」フィールドを選択し、インスペクタの の繰り返しを上限 10 にしたら、フィールドの並びを縦に合わせます。

　すると、下図のように「NO」フィールドは 10 個できて、縦に並びます。

145

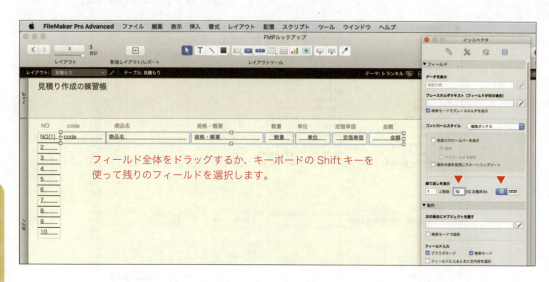

レイアウトでの繰り返し表示の要領がわかったら、残りのフィールドを選んで、同時に10個の繰り返しフィールドを実現します。

下図のように、すべてのフィールドが表のように繰り返しフィールドになったら、金額の合計を表示します。

フィールドツールを選んで、下図のように「このページの合計額」フィールドを配置するか、フィールドピッカーを使って配置します。インスペクタを使って3桁カンマなどの設定を行います。

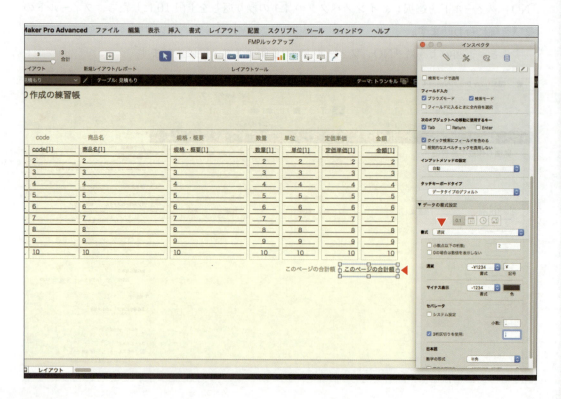

§4　ルックアップと繰り返しフィールド

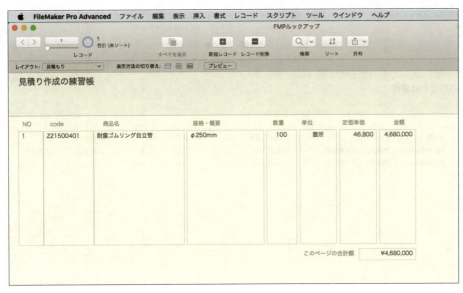

ブラウズモードにすると、前回入力したデータの他にフィールドができて、合計値にも値が入っています。

メニューのウインドウから新規ウインドウを選択し、価格表に切り替え、価格表のcodeから1つコピーをして、見積もり画面の2行目にcodeをペーストしてみます。

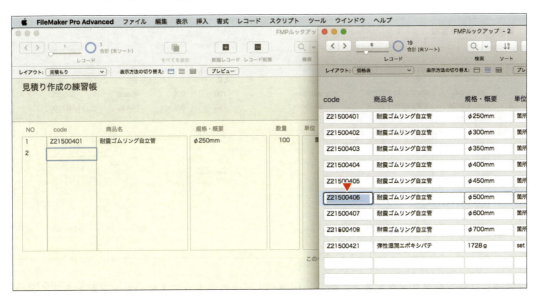

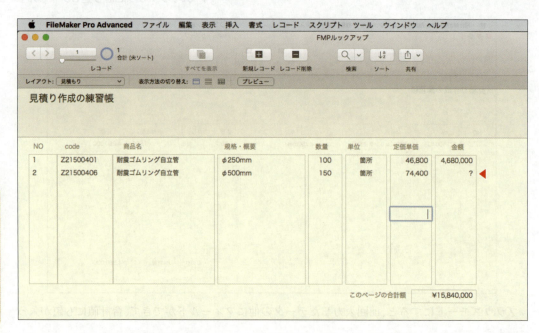

　金額フィールドに？が表示されているときは、フィールドに桁溢れが生じていることを意味します。レイアウト画面に戻ってフィールド幅を広げ、下図のように表示できたら完成とします。

　新規レコードをクリックすると、新しい伝票が生成されるように1枚のカードができるイメージです。

§4 ルックアップと繰り返しフィールド

ドクターズからの補足説明

　COBOL が全盛の頃は、レコード長とテーブル（表題）を理解することは必須でした。
　FMP にそのような概念を押し当てて考えようとすると、設計に失敗します。その最たるものが「繰り返しフィールド」です。一応、繰り返しフィールド内は、tab キーで区切られるようにテキストにできるので、表計算のセルで考えることは可能です。
　古くからプログラミングに関わっている方々は、繰り返しフィールドは、添字付きの配列と考えたほうが、しっくりくるのではないでしょうか。
　データベースの管理で、例えば、このセクションの「定価単価」フィールドを使うなら、繰り返しフールドは、

　　　定価単価 [1]

と書くことができます。なので、計算式として例えば

　　　定価単価 [1]＋定価単価 [2]

と書くことができます。
　さらに、添字が揃って並んでいたならば、計算式もこれに合致しているところがミソです。つまり、金額は、自動的に添字についての記述ができているので、

　　　金額 [1] ＝ 数量 [1] * 定価単価 [1]

のように、添字を意識せずとも自動的にできているところが便利です。

Dr. ツーゼ曰く

　このセクションの中にも書いてある通り、基本的に繰り返しフィールドに格納されていることすべてを検索することはできない、という欠点があります。その他にも、他のファイル形式からの繰り返しフィールドとのインポートやエクスポートは、基本的に不可能です。反対に、検索しなくてもいい伝票を作る場合は、繰り返しフィールドを使う方が圧倒的に早く作ることができます。
　繰り返しフィールドを使わずにレコードだけで帳票を作る場合は、レイアウトのデザインに何時間も費やしてしまいます。繰り返しフィールドには、いくつかの制限はあるものの、帳票系の作成は、レコードで作成するよりも繰り返しフィールドに軍配が上がります。また、繰り返しフィールドは、他の DB にはないバリエーションと考えてもいいでしょう。

　では、繰り返しフィールドと同じことをレコードを使って行うにはどうしたらいいでしょう。
　FMP を使っての解は、ポータルにあると言えます。

149

§ 5　検索作法

FMP が、カード型である利点を活かしてよくできている一つに、検索があります。

FMP は、各モードを持って役割分担をしていますが、検索も検索モードという切り替えで行うところが特徴です。検索モードで検索するのは、レイアウトに配置したフィールドすべてを使って検索できるところも魅力的です。

FMP 以外のソフトでの検索は、検索実行をしても該当箇所のレコードがどこにあるかを示すだけですが、FMP の検索実行は、絞り込みを含めます。つまり、検索すると該当するレコードを抽出します。

このセクションも他のセクション同様、手動での検索を体験した後、スクリプトを使った検索方法を解説します。

クイック検索

セクション 4 で解説した「郵便番号辞書 .fmp12」のソリューションを使用します。

下図のように、一覧にします。

クイック検索は、検索モードに切り替えなくてもブラウズモードのまま検索ができます。

全データが表示されている「一覧」のクイック検索フィールドに、0010027 と入力してreturn/Enter キーを押します。

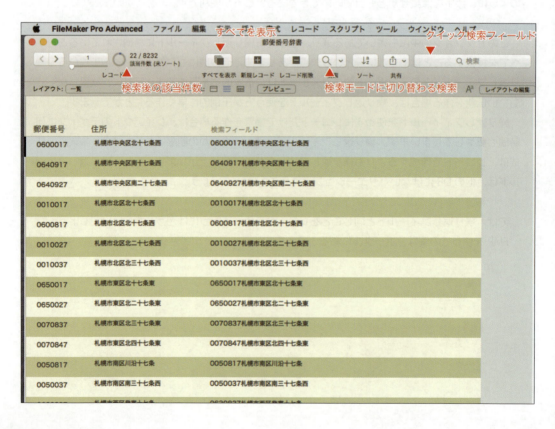

§5 検索作法

　郵便番号フィールドに格納されている値が、0010027 と合致するレコードを検索し、結果として 1 行を抽出し「住所」を表示します。

　次に、すべてを表示させた後、「十七」を入れ return/enter キーを押します。結果は、下図のように、住所の中に十七が書かれているレコードが表示され、22 件あることが示されます。

クイック検索設定

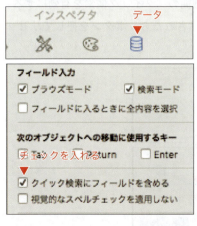

　フィールドをクイック検索の対象フィールドにするためには、レイアウトモードに切り替えて、対象フィールドを選択してインスペクタを出し、「データ」タブに切り替え、「▼動作」エリアの「クイック検索にフィールドを含める」にチェックを入れます。

　対象フィールドは、単一でも複数でもよく、選択したフィールドに「クイック検索にフィールドを含める」としていればクイック検索の対象フィールドになります。

　反対に、フィールドに「クイック検索にフィールドを含める」のチェックがない場合は、クイック検索の対象とはなりません。

レイアウトモードで ✏️ を選択するかして「レイアウト設定」画面を開きます。「クイック検索を有効にする」にチェックを入れます（下図参照）。

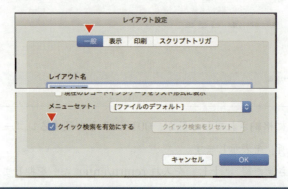

クイック検索のリセット

クイック検索のリセットは、ブラウズではクイック検索フィールドの右隅の小さい ⌄ を見つけ、これをクリックします。すると上図のように短冊状に過去の検索履歴が表示されます。リセットして消す場合は、「最近の検索を消去」を選んで削除します。

また、レイアウトモードに切り替えて、「レイアウト設定」画面の「クイック検索を有効にする」のチェックを外し、「クイック検索をリセット」ボタンが表示されたら、ボタンを押してリセットします。

§5 検索作法

検索モードによる検索

　FMP以外のDBソフトでは、検索と絞り込みは明確に分かれていますが、FMPは、検索と絞り込みを同時に実現します。

　そこで、FMPでソリューションを作成するとき、ソリューションを利用するユーザーのレベルが高度である場合は、ブラウズ／検索モードの切り替えを許しても問題はありませんが、ユーザーがDBの操作の初心者であるような場合は、プログラマがスクリプトで切り替えるように作成しなければなりません。

　このことを念頭において、検索モードを使った検索手順を理解しておきましょう。

検索モード切り替え

　FMPで検索するときは、検索したいフィールドが配置されているブラウズを検索モードに切り替え、検索したいフィールドに検索値を入力し検索実行します。検索した結果、該当レコードがある場合は抽出して表示し、抽出されなかったレコードと分けます。もし、検索実行しても該当レコードがない場合は、検索条件を入れ直して検索し直すか、検索をキャンセルするか聞いてきます。

　該当レコードがある場合と検索をキャンセルした場合は、検索モードからブラウズモードに自動的に切り替わります。

　上図の「郵便番号辞書」のブラウズモードで説明します。

　検索の基本は、全レコードを表示するために [1]「すべてを表示」ボタンをクリックします。[2]「検索ボタン」をクリックします。すると下図のように検索モードに切り替わります。

　検索モードに切り替えるためには、他にも [3] メニュー ＞ 表示 ＞「検索モード ⌘F」を選ぶか、[4] 画面下のポップアップメニューから検索モードに切り替えても同じです。

メニューとショートカット
⌘Fの切り替え

ポップアップでの切り替え

153

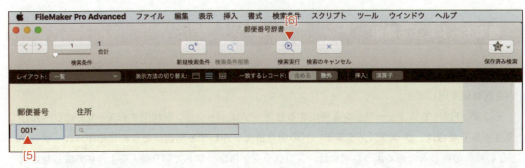

検索モードに切り替わると、メニュー、配置ボタン、表示フィールドのすべてに変化が生じます。

検索モードに切り替わったら、上図のように [5] フィールドに検索値 001* を入力して、[6]「検索実行」のボタンをクリックし、001 と入力した結果と比較してみましょう。

日本語の検索は特に厄介です。17 を例にとると、全角半角の違いばかりでなく１７もあれば十七や縦書きの一七もあります。さらに事態を悪くしていることは、数字の 17 とテキストの 17 とでは、同じ 17 でも属するタイプが違うので、整数として扱うことができるか、文字なのかでソートのときの並びが変わります。

検索実行しても該当レコードがない場合は、下図のようなアラートが表示されます。このアラートはエラーを意味します。スクリプトステップで検索を実行するときは、エラー処理ステップを使うなどして、エラー・ストップを回避します。下記のように一致するデータが空っぽのときは、エラーコードは 401 を返します。

「キャンセル」するとブラウズモードになり、「検索条件変更」ボタンのときは検索モードのままになります。

§5 検索作法

全検索フィールドによる検索

　顧客から電話が来て、電話番号のいくつかを入力すれば、顧客名を絞り込むというプログラムを想定してソリューションを作ります。さすがに電話番号と氏名のデモを提供するわけにはいかないので、郵便番号を電話番号に、住所を氏名に見立てて全検索フィールドを作成し、検索モード専用の画面を作ります。

準備1　全検索するためのフィールドを作ります

　郵便番号と住所を合体するフィールドを「検索フィールド」とし、タイプを「計算」にして作成します。

計算式は、

　　　郵便番号　＆　住所

で、計算結果を「テキスト」合わせ OK します。

準備2　全検索フィールドを配置します

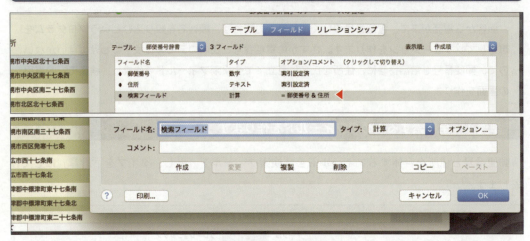

　上図のように「検索フィールド」が完成したら、レイアウトモードに切り替えて、「検索フィールド」を配置します。

　住所フィールドを選択し、キーボードから⌘Dを押すなどして複製を作り、複製したものをさらにWクリックして「フィールド設定」画面から「検索フィールド」を選択して、ラベルと一緒に表示変更します。

　ラベルとフィールドの配置を整えて、完成します。

全検索の感触を確かめる

　フィールドに式が入っていても、検索モードに切り替えると計算結果でセットしたテキストフィールドと同じ扱いをします。つまり、数式を検索するということはできません。

　検索方法として、ワイルドカード、緩やかな検索、一致検索、空欄検索、除外方法、検索条件の加算…を使った「から」検索など、クイック検索フィールドと比較しながら一通り試しておく必要があります。

　下図は、検索フィールドに「北区」と入力し、検索実行した結果を表示したものです。フィールドを使った検索は、*北区*と同じワイルドカードになっていることがわかります。

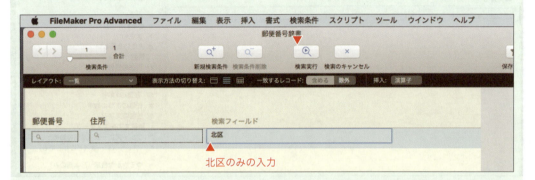

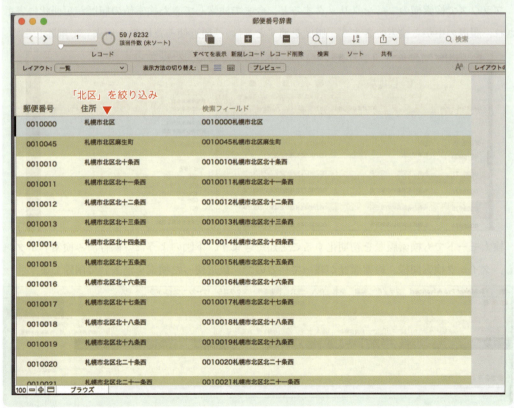

検索のときに利用できる「演算子」を下図に示します。

全部は覚えられないので、独自の検索画面を作る時にはスクリーンショットなどをして、貼付けてヘルプ画面にしておくといいでしょう。

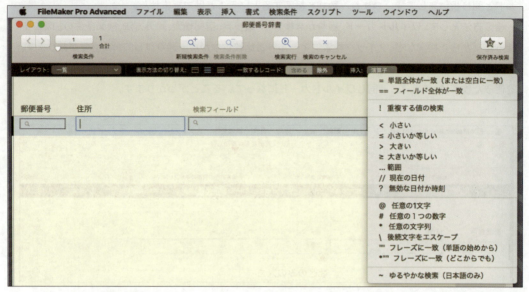

ブラウズで検索横の ⌄ をクリックすると、今まで検索してきた検索値の履歴が短冊状に表示され、履歴の中から検索できます。履歴を消すときは、「最近使った検索を消去」で削除します。

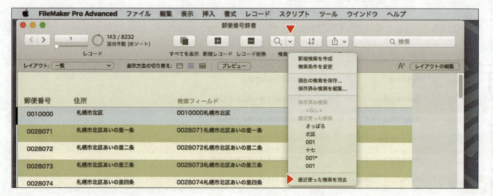

検索モードでも検索履歴を初期化することができます。下図のように「保存済み検索」ボタンも、クイック検索同様、検索履歴が残っているので「最近使った検索を消去」で削除します。

検索できるフィールドと、できないフィールドの設定

検索モードにしてもフィールドを検索対象としないようにするためには、レイアウトモードで対象となるフィールドを選択し、インスペクタの「データ」タブを選択し、「▼動作」の「検索モード」のチェックボックスを外します。

反対に、フィールド内の値を検索モードで検索できるようにするには、チェックを入れます。

インスペクタで「検索モード」のチェックを外すと、検索モードに切り替えたときは、フィールド自体が表示されません。

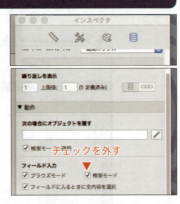

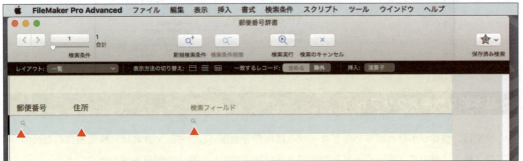

レイアウトモードで「検索モード」のチェックボックスを外し、検索モードに切り替えると、フィールドの左に のバッジが表示されず、フィールドも見えないので検索できません。

検索モードで検索できるのは、 のバッジが付いているフィールドだけです。

ただし、フィールドのタイプがオブジェクトのときは検索対象ではないので、「検索モード」にチェックをしてもバッジの表示はありません。

ブラウズモードで利用できるクイック検索が、検索対象フィールドなのか、無効になっているのかを確認するためには、レイアウトモードに切り替えて、各フィールド内の右下にあるバッジの配色を見ます。

緑は、検索可能です。

黄色は、検索可能ですが、検索には時間がかかることを意味します。クイック検索が無効になっている場合は、グレーになっています。

フィールドのクイック検索が有効か無効かを見るときは、レイアウトモードに切り替えて、メニュー > 表示 > オブジェクト > クイック検索 を選択します（下図参照）。

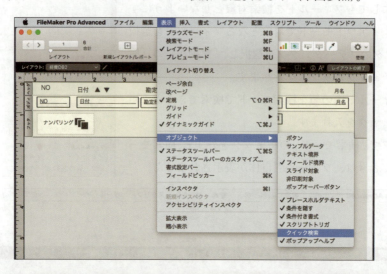

基本的な検索スクリプト

検索は、機能が多ければ多いほどユーザーは検索を毛嫌いします。できれば、検索操作のためのマウス操作は最小に、キーボード入力をできるだけ少なくして最大の効果を求めます。

一方、検索スクリプトを作成するプログラマは、検索モードが持っている資源を最大限利用できるように作ろうとするので、ユーザーの操作が大変難しいものになります。

何のために検索が必要なのか、という目的を明確にし検索スクリプトを組むのがベストです。

【完成例】

ソリューションは「郵便番号辞書」を使います。レイアウト：「一覧」に「検索」ボタンを作成し、「検索」ボタンをクリックしたら、レイアウト：「検索画面」に移動します。

検索画面のフィールドに検索値を入力して、キーボードの return/Enter キーで、検索実行させます。

図は「平和」を入力したところです。

§5 検索作法

return/Enter キーで、検索実行したら、レイアウト:「一覧」に自動的に戻って、該当レコードを表示します。

検索フィールドが空欄のときは、何もせず一覧に戻ります。

該当レコードがない場合は、警告画面を出して検索画面に戻ります。

図は、住所に「平和」のついているものを表示している様子です。

準備1　検索画面とボタンを追加する

上図のように、レイアウトモードに切り替え レイアウト:「一覧」を選択したら

メニュー ＞ レイアウト ＞ レイアウト複製　を選択して、「一覧」の複製を作ります。

次に、✏️ をクリックするか、メニュー ＞ レイアウト ＞ レイアウト設定... を選んで、レイアウト名を「検索画面」に変更しOKします。これで、「一覧」と同じレイアウトである「検索画面」が完成しました。

複製を使って「検索画面」ができたことを、レイアウトのポップアップをドライブして確かめ、「検索画面」にセットします。

ボディにある「検索フィールド」を選択し、キーボードの⌘Dを押すなどして、フィールドの複製を作ります。

また、このレイアウト画面が「検索画面」であることを示すために、画面の表題を変更します（下図参照）。

複製した「検索フィールド」をヘッダ領域に移動し、下図のようにインスペクタを使って、検索フィールドらしくデザインします（詳しくは第3章で練習します）。

§5 検索作法

デザインしたらブラウズに切り替え、レイアウトを保存して検索モードにします。

ヘッダの検索フィールドを使って、検索値（例 4条）を入れ（上図）、検索実行してみます。検索結果が下図のようになれば成功です。

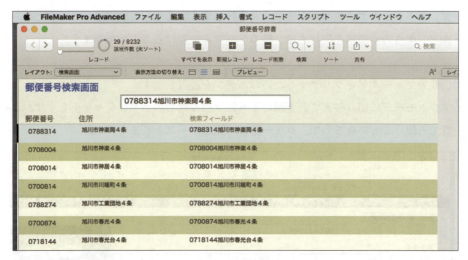

ヘッダのフィールドに検索値を入力し、検索実行しても該当レコードが表示されることが確認できたら、再びレイアウトモードに切り替えて、ヘッダの「検索フィールド」を選択します。

インスペクタの「位置」タブを選択し「▼位置」の「名前」フィールドに「検索フィールド」と入力してフィールドに名前を付けます。

フィールドに名称を付けておくのは、スクリプトステップの中で、フィールドを指定するためです。名称は任意です。

ボディの3つのフィールドを選択し、インスペクタの「データ」タブの「▼動作」エリアの「検索モード」のチェックボックスからチェックを外します。こうしておけば、ヘッダにある「検索フィールド」からのみ検索を実行させ、他のトラブルを避けることができます。

次に、検索フィールドをクリアするためのボタンを設置します。
レイアウトモードに切り替えて、下図のようにラベルなしのボタンをセットします。このボタンを一覧でも使うことになるので、コピーして一覧にペーストします。

「検索画面」のボタンを選択し、右クリックしてコピーします（下図参照）。

レイアウトを切り替えます（下図参照）。このとき保存をしてください。

レイアウトを「一覧」に切り替え、空いているヘッダスペースに右クリックしてペーストします。

ボタンを移動して、すべてのレイアウトを保存します。

準備2　スクリプトを作成する

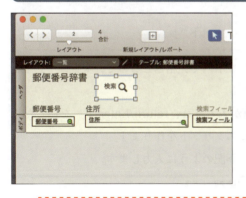

　「一覧」の「検索ボタン」は、どのようなスクリプトを作成すればいいかを考えます。このボタンをクリックしたら全データを表示して、「検索画面」に切り替え、検索モードに切り替えたら、ヘッダに配置した「検索フィールド」に移動して入力を待つようにします。

　スクリプトの名称は「検索画面へ」とし、次のようなスクリプトを作成して保存します。

```
1 # レコードすべてを表示
2 全レコード表示
3 # レイアウトを「検索画面」に切り替え
4 レイアウト切り替え [「検索画面」（郵便番号辞書）]
5 検索モードに切り替え [一時停止：オフ]
6 オブジェクトへ移動 [オブジェクト名：" 検索フィールド "]
```

　行番号2の全レコード表示は、レイアウト切り替え後でもいいです。

　先の準備1で、フィールドに「検索フィールド」と名称を付けたオブジェクト（この場合はフィールド）に移動します。完成したら、スクリプトワークを保存します。

レイアウト「一覧」の「検索」ボタンを選択して、右クリックしてスクリプトを貼付けます。

貼付けたら、保存してブラウズモードにし、「検索画面へ」のスクリプトを貼付けたボタンを試してみます。検索モードに切り替わって、ヘッダにある「検索フィールド」が選択されていたなら成功です。

次に、「検索画面」のボタンにスクリプトを作成し、貼付けます。

1 全レコード表示
2 検索モードに切り替え [一時停止：オフ]
3 オブジェクトへ移動 [オブジェクト名：" 検索フィールド "]

スクリプト名は「クリア」としました。そのレイアウト内で完結させるので、全レコードを表示させて検索モードにすればいいでしょう。

最後に、検索画面の「検索フィールド」に検索値が入力され、return/Enter キーを押したら検索実行し、検索結果が「一覧」に表示されるようにスクリプトを作ります。

スクリプト名を「検索実行」として新規に作成し、下記のように入力します。

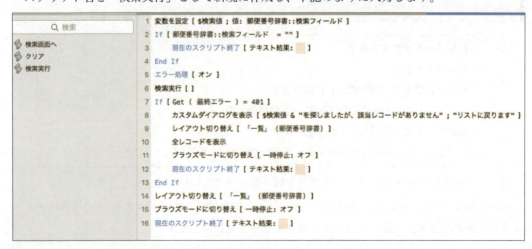

スクリプト：「検索実行」が完成して保存したら、レイアウト名「検索画面」を検索モードにして「検索フィールド」に何か値を入れ、メニュー ＞ スクリプトワークス ＞ 検索実行 でうまく稼働するか試みます。

　入力ミスやステップミスによる修正があったなら、必ずスクリプトワークスをいったん保存してから実行してください。

　行番号6の「検索実行[ ]」後、もしも検索実行してもデータがないときは、前述したように401 というエラーコードになるので、If 文で制御します。

　書き方は、Get（最終エラー）でコールします。Get のような状況を把握する命令を取得関数といいます。検索してもデータがないときの手順は、行番号5の「エラー処理[オン／オフ]」によって異なります。スクリプトのエラー処理[オン]の時に、検索実行で検索フィールドに入力されている検索値と一致するものがなかったとき、行番号8の「カスタムダイアログを表示」以降が作動します。カスタムダイアログと実際の表示は以下のようになります。

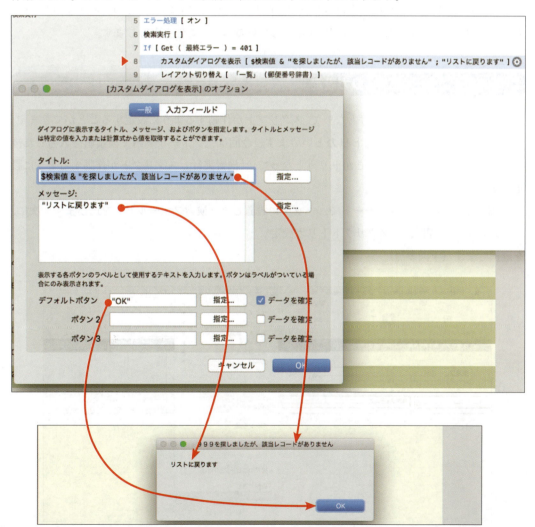

167

スクリプトのエラー処理 [オフ] の時に、検索実行で検索フィールドに入力されている検索値と一致するものがなかったときは、下図のようなアラートが表示します。

このアラートは、FMP側で用意されているものです。3つのボタンのうち「続行」を選択すると、スクリプト文の行番号7以降が実行されます。エラー処理 [オフ] または、この記述がないときに、ステップ中でエラーを起こすと、FMPが用意しているエラー処理を実行します。

準備3　フィールドのトリガ設定

何かの動作や手順がきっかけとなって、スクリプトが作動するように設定することができます。「何かのきっかけ」のことを**トリガ**といいます。今回は、フィールド内で検索値を入力した後にreturn/Enterキーを押すことがトリガとなって、「検索実行」スクリプトが作動するように設定します。

「検索画面」のレイアウトモードで、ヘッダに設置した「検索フィールド」を選びます。次に、
　　　　メニュー > 書式 > スクリプトトリガ設定 ...
を選択します（下図参照）。

§5 検索作法

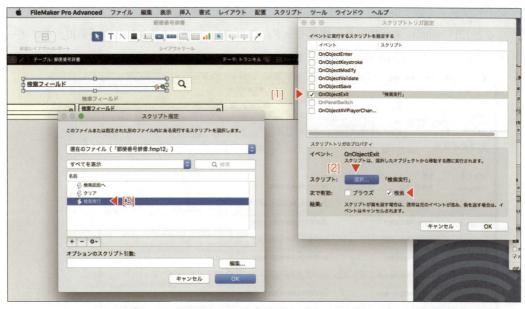

「スクリプトトリガ設定」画面が出たら、[1]OnObjectExit にチェックを入れます。[2]「スクリプト」の「選択」ボタンをクリックし、[3]「スクリプト指定」で「検索実行」を選択します。「次で有効」の「検索」にチェックを入れ、ブラウズは外します。

トリガ設定ができたら、レイアウトモードではフィールド右下にトリガバッジが表示されます。

郵便番号逆引きソリューションの完成

　検索フィールドに、郵便番号と住所の両方がテキストになっているので（strings ともいいます）、検索フィールドをめがけて住所の一部、郵便番号の一部を入力しても、候補となる住所や郵便番号が一覧になって表示されます。

　郵便番号と住所の２つに限らず、電話番号とひらがな氏名の合体をデータとして、顧客電話台帳などを作ることができます。

　FMP が提供しているツールバーが、使えることを前提としたソリューションか使えないようにしているソリューションかによっても、設計が変わります。

169

レイアウト：一覧 がスタート画面になります。[1] の「検索」ボタンをクリックします。
すると [2] の画面に切り替わり、検索モードになっています。逆引きしたい「平和」をフィールドに入力し、return/Enter キーを押します。

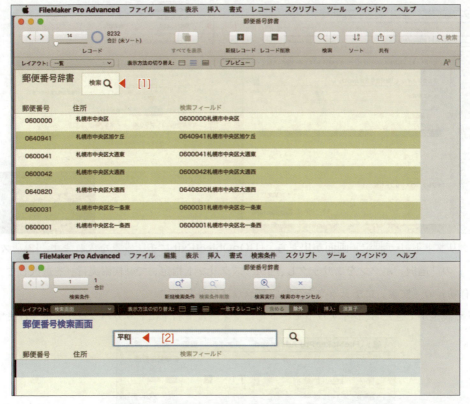

結果、レイアウト：「一覧」に戻って、住所の中から「平和」と名がつく住所と郵便番号がリストとなって表示されます。

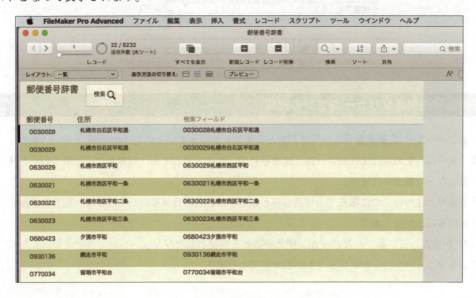

ドクターズからの補足説明

DBの中でも、検索は厄介な操作の一つです。

ソリューションのハードルとして、「ユーザーに3つ以上のボタンを触らせない」ように作ること、というのがあります。

他のDB言語では、「ユーザーに3つ以上のボタンを触らせない」ように作ることは、非常に労力が入ります。まして、厄介な検索となると、そのための画面を作り、失敗したときの画面を作りと、作るものがいくらあっても足りなくなります。

その上で、プログラマはプログラミングすることになるので、たいていはDBソリューションとはいっても、他社に向けて作ったソフトの使い回しや外注に依頼することが多いのが現実です。

Dr. チューリング曰く

FMP以外のDBで検索プログラムを作るためには、①検索するデータを集め、別途ファイルに置く。②検索条件を保管する。③Queryやselectといった命令を使って検索実行(ブレーク処理といいます)する。もしブレークしてデータがない場合は、ないときの処理に飛ぶ。④データがあったらソートするなどして別途ファイルに保管する…といった手順を取ります。このとき、ポイントになるのは、Queryやselectの信頼性です。Queryとselectを使っても、正しく検索されないことがあります。理由はいろいろありますが、プログラマは、これを「滑る」といいます。

翻って、FMPでは、検索モードと検索実行、というように、検索処理には明確な制限をしました。

その結果、検索実行してもエラーコードを先行させて、結果のデータの有無を同時に伝達します。スクリプトは、これを受けて検索した結果のデータの有無による場合分けをしておけばいい、ということになり、プログラマの心配事を軽減してくれます。

今後は、iPadやiPhoneに合わせファイルメーカーGoのためのソリューションが多くのユーザーに触れられることになるでしょう。そうなると、検索の形態も変わっていくでしょう。

プログラマは、変わりゆく検索の形態を勉強して、試してみることが必要です。

下記に、FMPの検索スクリプトの準備とスクリプト手順をまとめておきます。

準 備

1．検索対象となるデータが格納されているテーブルのレイアウトを複製を作る。
2．検索用のレイアウトデザインを行う [検索フィールド]
3．ボタン・トリガの設置

検索ステップ

1．検索値のエンプティー処理
   全データ表示、または検索後のデータ表示
2．検索モードに切り替え
3．エラー処理 [オン]
4．検索実行
   401処理
5．検索解除 / ブラウズモードに切り替え

逆引き郵便辞書を Excel の DB 機能で解くには

　このセクションで行った FMP の逆引きと同じことを Excel の DB 機能を使えば、データを抽出することができます。

　先に、FMP の郵便番号辞書のデータを Excel 用にエクスポートして住所と郵便番号のファイルを完成します。

　Excel を起動して、A 列に「住所」、B 列に「郵便番号（テキスト）」となるようにします。

[1] D1 と E1 に A1 をコピーするなどして「住所」と入力します。

[2] F1 には「郵便番号」を同じくコピーするかして入力します。

　D1 は逆引きしたい住所の一部を記入し、E 列と F 列は、該当したデータを書き出すためのエリアとします。

　例として、「北区」と名の付く住所を抽出します。

[3] D2 に「北区」と半角英数の「*」アスタリスク記号を入力します。検索では、アスタリスク記号は FMP と同じワイルドカードといいます。これで準備はできました。

[4] メニュー＞データの「詳細設定」をクリックします。

　すると右図のように「フィルターオプションの設定」画面が出ます。

[5] 指定した範囲にチェックします。

[6] リスト範囲は A1 から B8233 です。DB の範囲のことです。名称を設定しても同じです。

[7] 条件範囲は、D1 から D2 で、「住所」の中で「北区」がある住所を検索します。これを「検索条件範囲」と Excel ではいいます。

[8] 抽出範囲は、E1 と F1 です。条件に適合したデータを書き出すためのエリアを指定する必要があります。

　この場合、データに重複がないと信じて、「重複するレコードは無視する」には、チェックを入れなくてもいいでしょう。

　以上の条件が揃ったなら、OK で右図のように抽出が成功します。

　エクセルの DB 機能は、バージョンが 2.2 のときからあります。手順は違いますが、2.2 のときから今回のような抽出ができて、マクロでプログラムして何度も使ったものです。

　しかしながら、日本では DB 機能は普及しませんでした。普及しなかった一番の理由は、手順が3つ以上あるからです。『手順が3つ以上のものは、使われない』というテーゼを証明したようなものです。

§5 検索作法

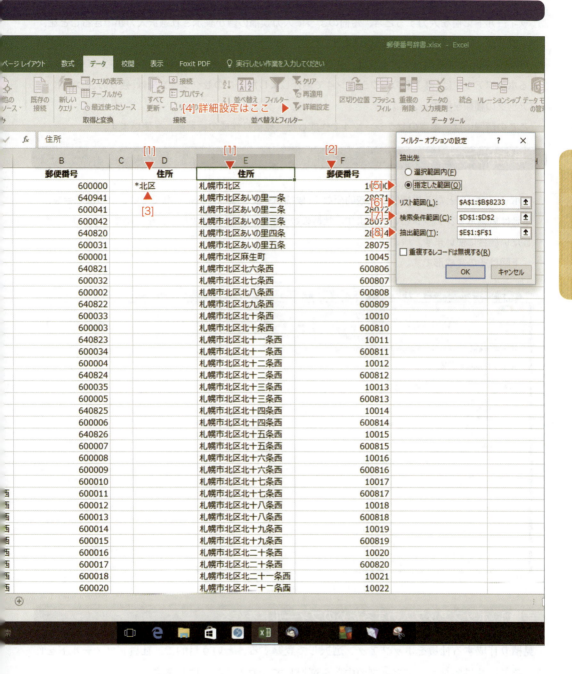

§6　ポップアップ

　フィールドに値を入力するとき、短冊のように入力候補の値が表示され選択入力ができることを、ポップとか、ポップアップ入力といいます。

　FMPで利用できるポップアップは、4つの種類があります。その中でも日付とカレンダー表示によるポップアップは、第1章のセクション4で紹介しました。このセクションでは、残りの3つのポップアップの種類を解説します。

　ここの解説には、本章のセクション4で作成した「見積り作成の練習帳」を使います。

単純ポップアップ

　ポップアップとなる候補値が比較的少なく、候補値も並び順など気にしなくていいような場合を、筆者は単純ポップアップといってます。社員の数や取り扱い品目が少なく、順不同でポップアップしたい場合に使います。

　下図はその完成形です。

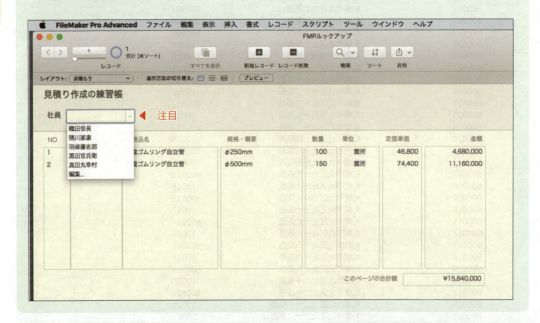

手順1. ポップアップ入力するためのフィールドを作る

　見積り作成する社員をポップアップ選択して登録する、という目的で「社員」フィールドを作り、そこに社員名をポップアップの中から選択して入力することにします。

　手始めに、セクション4で作った「FMPルックアップ」ソリューションを開き、テーブル：「見積もり」のフィールドに「社員（テキスト）」を作り、レイアウトモードに切り替えて、社員フィールドをヘッダエリアに配置します。

§6 ポップアップ

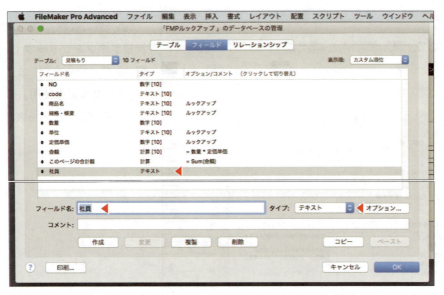

レイアウトモードで新しく作った「社員」フィールドを配置します。

手順2. 値一覧... に新規追加

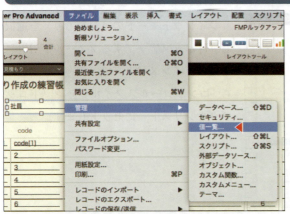

ポップアップの短冊に入るデータと、ポップアップ名（社員）を作成します。

メニュー ＞ ファイル ＞ 管理 ▶値一覧... を選択します。

この段階で、「社員」フィールドをあらかじめ選択しておく必要はありません。

「値一覧の管理」画面が出たら、新規ボタンをクリックし、「値一覧の編集」画面を出します。

「カスタム値を使用」のラジオボタンを選び、氏名を入れます。

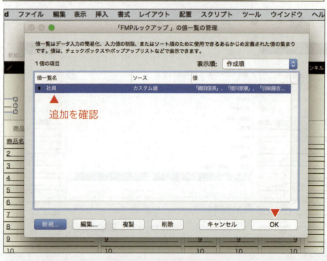

「値一覧の管理」に「社員」が登録できたらOKをクリックして登録を完了します。

手順3. レイアウトでフィールドに値一覧をペーストする

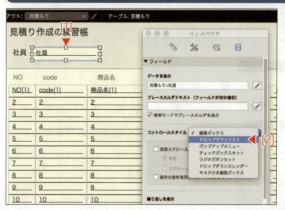

レイアウトモードの「見積もり」を選択し、[1]ポップアップするフィールド「社員」を選び、インスペクタの「データ」タブから「コントロールスタイル」を[2]「ドロップダウンリスト」にセットします。

§6 ポップアップ

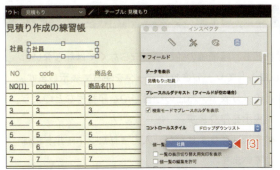

「ドロップダウンリスト」にセットしたら、「値一覧」のポップアップボタンを押して [3]「社員」にします。

「ドロップダウンリスト」の中に入る値一覧は、値一覧で登録した「社員」を指します。

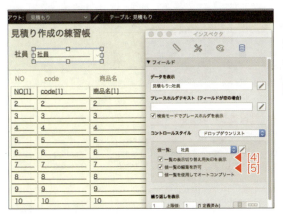

「社員」が短冊状にポップアップする時に矢印を入れたポップアップフィールドにして、短冊の中身が追加編集できるように、[4][5] 両方にチェックを入れます。

単純ポップアップの完成

ブラウズモードに切り替えて、「社員」フィールドに ⌄ が表示され、クリックするとポップアップになって、社員名が選択できることを確認してください。

値一覧を使って、ポップアップに入る一覧の名称と一覧の値を定義し、レイアウトモードでフィールドにペーストする、という手続きを理解しておきましょう。

次のポップアップは、社員番号のように序列があるような場合の表示です。リレーションの必要はありませんが、一覧に表示するためのフィールドが必要になります。

序列があるポップアップ表示

　ポップアップとなる候補値が比較的少ないけれども、候補値の並び順を守らなくてはならないような場合、値一覧ではソート機能がないので、レコードでソートされたデータを使って表示します。

　部署表示や社員番号付きの氏名表示、書籍などの区分表示、お店の棚番号や倉庫番号などのように序列や伝統などを加味したときのポップアップ表示を作ります。

　下図はその完成形です。短冊状の氏名にはスペースはありませんが、入力されたフィールドには1つの全角スペースを付けて、名前と名字を分けています。

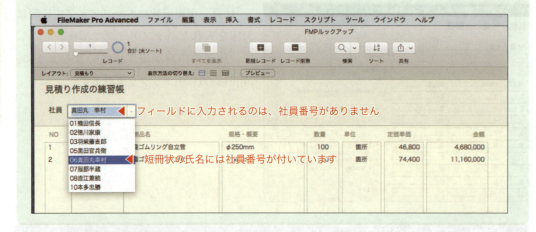

手順1. ポップアップ表示するためのフィールドを作る

　序列が付くポップアップを作るためには、単純ポップアップと違って、新たに「社員」テーブルが必要です。

　見積もりテーブルとリレーションシップする必要はありません。「社員」テーブルのレコードを値一覧に登録し、表示方法を設定すれば出来上がりです。

　練習のため10名くらいの社員を登録します。

　図のように「社員」テーブルを作成し、「社員」テーブルに社員番号（数字）と社員名（テキスト）のフィールド2個を作って、10名の社員を格納します。このとき、見積もりに記載される氏名として、名前と名字の間に全角スペースを一つ入れます。

　社員データの入力が完成したら、「表示用社員」フィールドを追加し、タイプを「計算」とします。

§6 ポップアップ

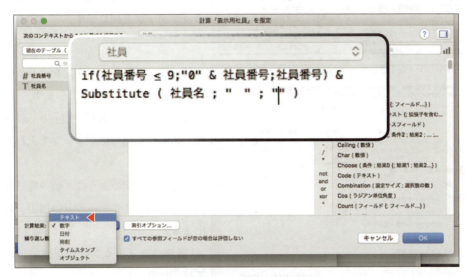

「表示用社員（計算）」のフィールドに入る計算式は、下図のようになります。
計算結果は「テキスト」にセットします。

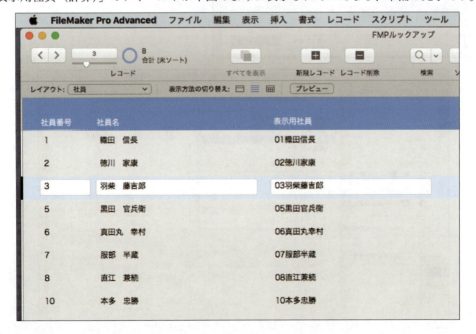

「表示用社員（計算）」のフィールドが下図のように表示されていたなら、準備は完了です。

手順2. 値一覧 ... に新規追加

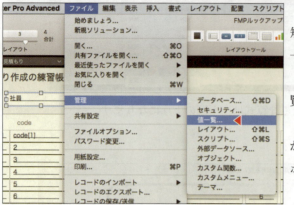

単純ポップアップ同様、ポップアップの短冊に入るデータとポップアップ名（社員一覧）を作成します。

メニュー ＞ ファイル ＞ 管理▶値一覧 ... を選択します。

この段階で、「社員」フィールドをあらかじめ選択しておく必要がないのは単純ポップアップと同じです。

値一覧に「新規」ボタンをクリックして「値一覧の編集」画面を出します。

「値一覧名」を「社員一覧」とし、「フィールドの値を使用」にチェックを入れます。

すると、下図のように「値一覧『社員一覧』に使用するフィールドの指定」画面が出ます。

「最初のフィールドの値を使用」のところは「社員」とします。

§6 ポップアップ

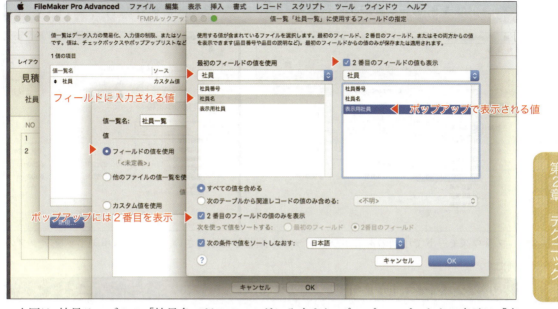

上図は、社員テーブルの「社員名」がフィールドに入力され、ポップアップのときの表示は「表示用社員」フィールドが表示されるようにするための設定です。

手順3．レイアウトでフィールドに値一覧をペーストする

設定が終了したらレイアウトモードに切り替えて、「社員」フィールドを選択して、インスペクタで値一覧を「社員一覧」に切り替えます。

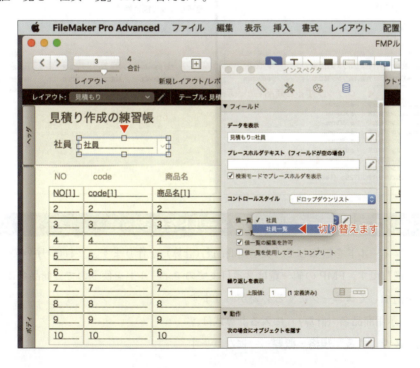

序列があるポップアップの完成

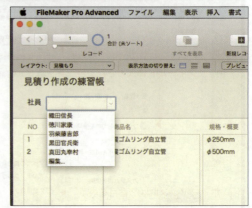

ブラウズモードで序列のあるポップアップを確認してください。上右図は単純ポップアップの例です。

ルックアップを補助するポップアップ表示

セクション4で完成した見積り作成では、「価格表」テーブルからcodeをコピーしてきて、見積り作成のcodeにペーストしてルックアップする、というものでした。

今度は、見積り作成のcodeフィールドをクリックすると、下左図のようにcodeの代わりに商品名が価格表からポップアップ表示され、選択すると、「code」フィールドには価格表のcodeがペーストされ、残りのフィールドもこれに伴ってルックアップされます。

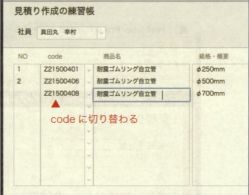

手順1. ポップアップ表示するためのフィールドを作る

「価格表」にフィールドを追加して、「表示用商品名(計算)」を作ります。これは「序列のあるポップアップ」と同じです。FMPの値一覧は2番目までのフィールドを使うので、商品名に「規格・概要」項目を追加してユニークにする必要があります。

従って、「表示用商品名（計算）」に入る計算式は、

　　商品名　&"："& 　規格・概要　　になります。

§6 ポップアップ

「価格表」に「表示用商品名（計算）」フィールドを追加すると次のように定義されます。

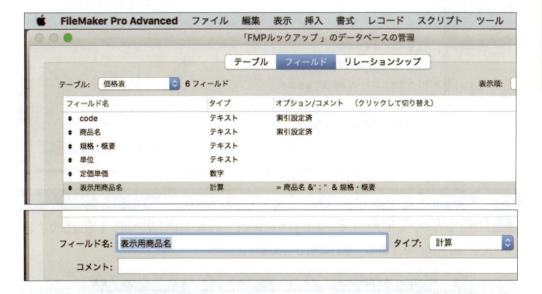

手順2．「値一覧...」に新規追加

メニュー ＞ ファイル ＞ 管理▶値一覧... 　を選択し、値一覧に新規で作成し、値一覧の名称を「商品一覧」にします。「フィールドの値を使用」にチェックを入れます。「値一覧『商品一覧』に使用するフィールドの指定」画面では、最初のフィールドに「価格表」を指定します。

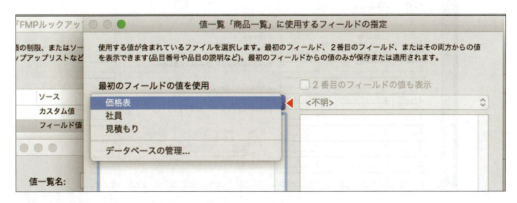

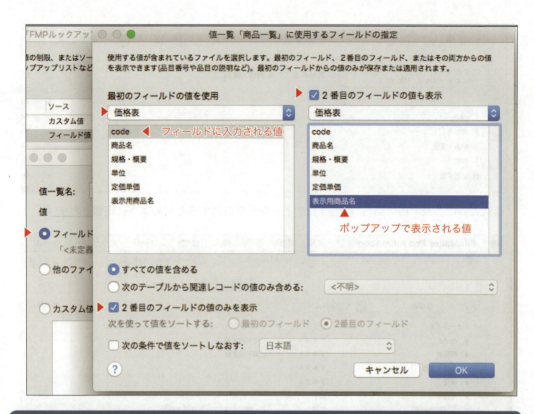

手順3. レイアウトでフィールドに値一覧をペーストする

設定が終了したら、レイアウトモードに切り替えて、「code[1]」フィールドを選択してインスペクタで、「値一覧」を「商品一覧」に切り替えます。

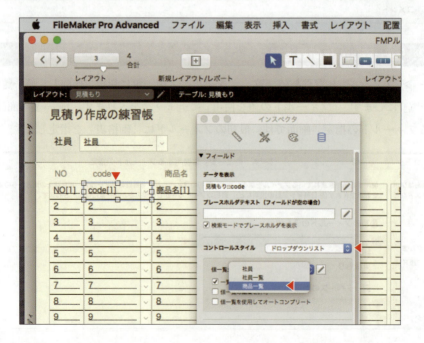

§6 ポップアップ

ルックアップを補助するポップアップ表示の完成

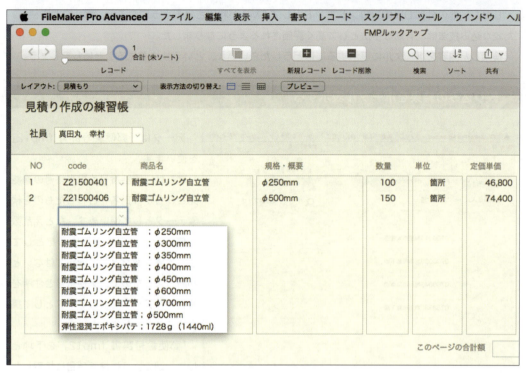

ブラウズモードにして、code のレコード欄をクリックします。上図のように、商品名と規格・概要が短冊状に表示され、一部を選択すると、code に切り替わって他のフィールドをルックアップしたら完成です（下図参照）。

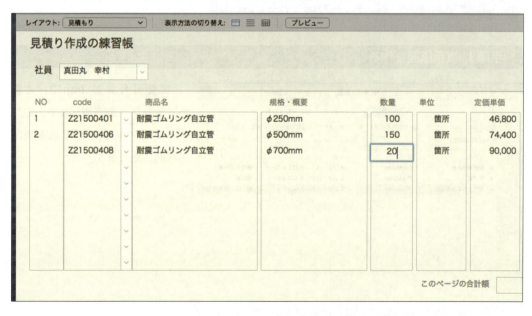

§7　絞り込みの研究

　FMPには「絞り込み」の技法を意識する必要がありませんでした。
　しかし、他の外部DBのフロントエンドとしてFMPが利用されるようになると、ポータルを使った絞り込み技法は、有効な手法として高く評価されるようになりました。
　検索した内容をポータルに表示するにはどうしたらいいか、という技法を見ることにしましょう。

絞り込みの結果をポータル表示する

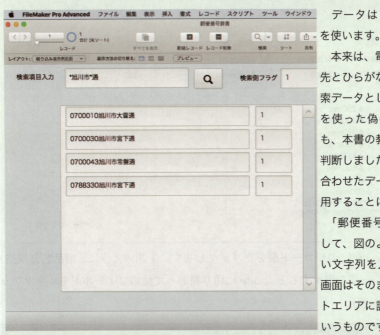

　データは「郵便番号辞書.fmp12」を使います。
　本来は、電話番号や携帯番号の連絡先とひらがな氏名を合わせたものを検索データとして使います。たとえ乱数を使った偽のデータを使ったとしても、本書の教材として適正ではないと判断しましたので、郵便番号と住所を合わせたデータを仮のデータとして採用することにしました。
　「郵便番号辞書.fmp12」を下地として、図のように検索項目に検索したい文字列を入力し、検索実行したら、画面はそのままでスクロールするリストエリアに該当データを表示する、というものです。

手順1．表示画面を作る

　「郵便番号辞書.fmp12」に新たにテーブルを追加します。追加するテーブルは、「絞り込み表示用画面」とします。

§7 絞り込みの研究

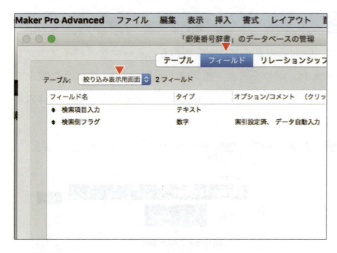

「絞り込み表示用画面」テーブルには、最低でも2つのフィールドが必要になります。

今回は、検索項目を入力して保管する「検索項目入力（タイプ：テキスト）」フィールドと検索結果を呼び込むための「検索側フラグ（タイプ：数字）」フィールドの2つを作ります。

「郵便番号辞書」テーブルに「フラグ（タイプ：数字）」フィールドを作ります。

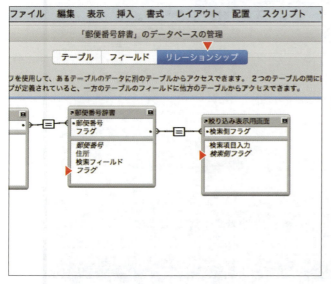

フィールド作成ができたら、「リレーションシップ」タブでリレーションシップグラフを出し、郵便番号辞書の「フラグ」と絞り込み表示画面の「検索側フラグ」を結びます。

2. レイアウトデザインする

　レイアウトモードで「絞り込み表示用画面」のレイアウトを表示し、テーマを「パイプラントタッチ」を選びます。テーマに「〜タッチ」がつくと、レイアウト画面はiPadのような端末で使うことを想定しています。このため、ボタンやフィールドや表示する文字などのパーツは大きくなります。

下図のようにボディにフィールドとボタン、ラベルを配置してみましょう。

§7 絞り込みの研究

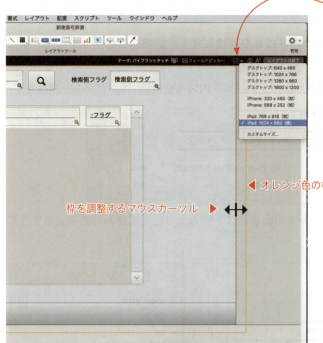

◀ オレンジ色の枠

▶ 枠を調整するマウスカーソル

　　をクリックすると、図のように各種サイズのリストが短冊状に表示されます。iPad横にセットすると、オレンジ色の枠が表示され、目安としてのエリアが示されます。枠に沿ってサイズを調整することができます。

枠を消したいときは、再度チェックをクリックしてチェックを外すと消えます。

3. スクリプトの作成

　絞り込み表示のポイントは、検索をかけて表示した対象レコードのフラグを1にします。フラグ1のものを検索結果としてポータルに表示させるようにします。

　「検索項目入力」フィールドに検索したい文字列が入った後、実行ボタンが押されたことを想定して作ります。下図は、「絞り込み検索」の完成したスクリプトです。

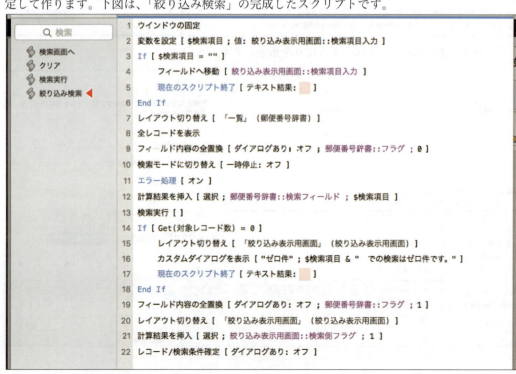

置換という方法を使います。

検索する前は、初期設定として全レコードに0を置換します。置換命令を使うとループするよりも高速に変換します。

全レコードを0にする置換命令の書き方は、「フィールド内容の全置換」スクリプトを選びます。

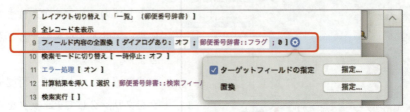

ダイアログをオフにします。「ターゲットの指定」は下図のように「郵便番号辞書」のフラグであることを指定します。

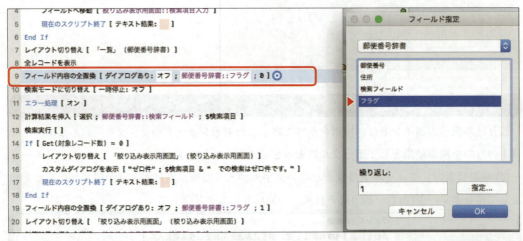

置換する値の指定は、下図のように0を指定します。

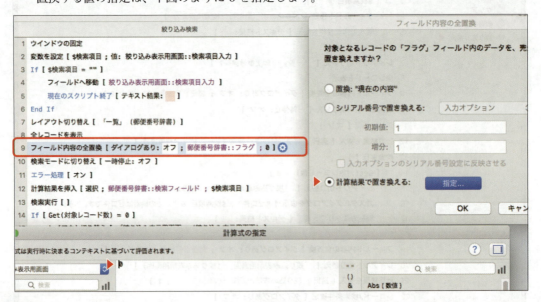

行番号1の「ウインドウの固定」は、前回も解説したように画面の動きを止めて、スクリプトが終わるまで「画面を変化させない（echoオフのこと）」という命令です。これによって、スクリプト全体の処理が高速化されると書きました。

　行番号8と9は、全レコードのフラグをいったん0にしています。

　行番号11と13、14から18は、検索実行しても該当レコードがない場合の処理です。

　検索して該当レコードがあると行番号19の置換を実行します。該当レコードのフラグに1を書きます。

　行番号20でレイアウトを切り替え、最初の画面に戻り、検索用のフラグに1を書いてポータルにレコードを集合させます。

　スクリプトを完成したら、検索ボタンに張り付けてブラウズモードで試してみましょう。

　なお、この方法は置換命令の他に、フィールドグローバルを使ってもできます。

ドクターズからの補足説明

　検索したものを表示するには、いくつかの方法があります。

　FMPの検索モードを使う方法の場合、FMPに使い慣れていて検索操作に精通しているユーザーであるなら、検索モードを有効に使うことができるプログラムを書くことができます。

　この場合は、検索をするための守備範囲も広く、柔軟性を高めることができる反面、経験のない人にとって使いにくいと評価されることもあります。

　反対に、検索操作に慣れていないユーザーを念頭に置いての検索プログラムは、該当するかしないかの二者択一型でシンプルな検索になります。その代わりに、限定された項目や文字を使っての狭い検索となります。

Dr. ノイマン曰く

　これを解消するためには、層を使う検索と絞り込みを繰り返し、データを収束させるようにします。例えば、1回目の検索では、100件程度まで絞り込み、2回目ではさらに50件に絞り込んで、3回目で10件程度になるというような絞り込み画面を作る必要があります。同時に、データの構造も収束できる構造にしなくてはなりません。

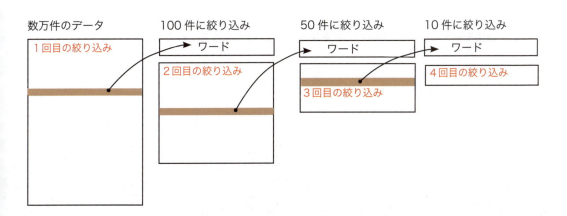

第2章　テクニック　まとめ

この章のまとめとして、下記の問いに答えなさい。

問1．FMP の場合、ツールとテーマは、できるだけ新しいものを使わなくてはならないという理由は何ですか。

問2．スクリプトが失敗して、無限ループなどになった場合の対処方法を書きなさい。

問3．エクセルでいうセルの＄の意味と FMP の＄および＄＄の意味をそれぞれ解説し、違いを書きなさい。

問4．ポップアップの欠点を述べなさい。またその解消方法について記述しなさい。

問5．検索モードにしても、フィールドを検索できないようにするための方法を述べなさい。

デザインとは、カッコよくすることをいいます。「この画面をデザインしてください。」ということは、「あなたの感覚で、一番カッコいいと感じるものに、配色やレイアウトをしてください。」ということを意味しています。
　カッコいいデザインをするためには、カッコいい画面をよく知っている必要があります。それは、日頃の情報収集と絶え間ないトレーニングによって培われます。
　FMP が持っているデザインツールを使って、どこまでカッコよくできるか、という指南がこの章の役割です。

第3章 デザイン

§1 オブジェクトの装飾

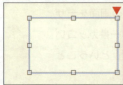

8つの□をハンドルといいます

プログラミングでいうオブジェクトは、FMPのレイアウトモードで8つのハンドルがつく塊すべてを指します（図参照）。オブジェクト指向のオブジェクトと同じです。

レイアウトモードの画面では、背景に当たるヘッダ、ボディ、フッタを含めて、すべてがオブジェクトです。

ボタンを作る

FMPは、オブジェクトであれば何でもボタン化することは可能です。ボタンのデザイン機能を履修すれば、他のオブジェクトのデザインに応用することができます。

ここでは、FMPで用意されているボタンの生成を通して、オブジェクトの拡大・縮小、ラベルの編集の練習をします。

ソリューション名：ボタンとし、レイアウト名も同じ「ボタン」でテーマは「トランキル」にし、ボディエリアにボタンを設置するところからスタートします。

ボタンサイズとラベル位置

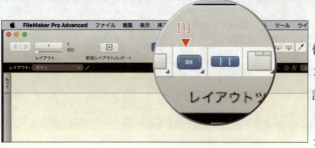

ボタンツールは2つあります。単体のボタンと2つ以上を並べるボタンです。ここでは単体のボタンを解説します。[1] ボタンツールを選択し、[2] ボディに対角線状にドラッグします。すると、ボタン設定の画面が出ます。[3] 左端のラベルのみのボタンを選びます。

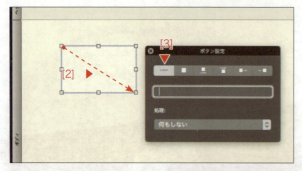

「ボタン設定」画面のラベル入力フィールドに「名前のないボタン」と入力します。同時に、ボタン内のラベルには、同期して「名前のないボタン」と表示されます。

このように、ボタンのラベルに

§1 オブジェクトの装飾

ラベルのみのボタン

入る文言は「ボタン設定」画面を使って入力・編集します。

ボタンの中に入るマーク（ピクトグラム）を**アイコン**といいます。

アイコンとラベルの位置関係の指定もできます。左端がラベルのみ、左から2つ目はアイコンのみ、それ以外はアイコンとラベルの位置関係を示しています。

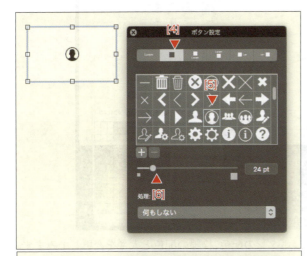

[4] アイコンの付いたボタンを選ぶと、FMP 側で用意したアイコンが表示されます。

[5] アイコンを一つ選びます。すると左の実際のボタンオブジェクトは、同期して選んだアイコンに変わります。

アイコンのサイズは、[6] スライドを左右に操作して調整します。

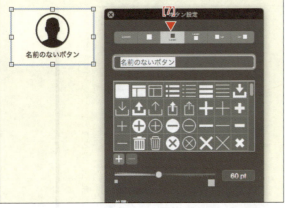

[7] ボタンの種類を左から3つ目にします。すると、ラベル入力フィールドが表示されますので、ラベルを入力することができます。

あらかじめ入力してあると、その文言が表示されます。

「ボタン設定」がアクティブになっていても、実際のボタンのハンドルを使ってサイズの変更をすることができます。

ボタンの配色

ボタン全体の配色や文字は、インスペクタで行います。

メニュー ＞ 表示 ＞ インスペクタ⌘I でインスペクタを表示するか、ⓘ をクリックしてインスペクタを表示し、🎨 外観タブを選択します。

「名前のないボタン」を選択して、[1]「ボタン」と「通常」が選択されている時、ボタン全体や枠線の配色は「▼グラフィック」で、ラベル文字の配色やサイズは「▼テキスト」で行います。

インスペクタを表示する/しないのボタン▼

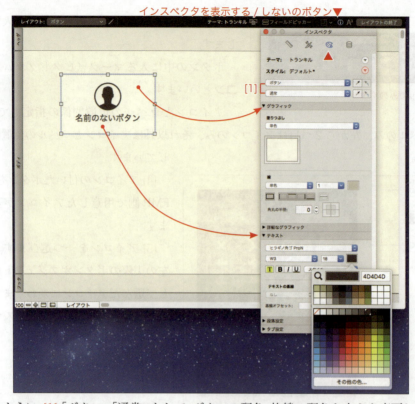

下図のように、[1]「ボタン」「通常」として、ボタンの配色、枠線の配色と太さを変更してみます。

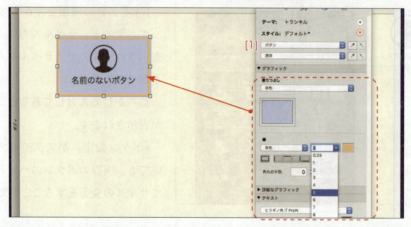

ボタンアイコンの配色

　ボタンの中のアイコンの配色を変えるためには、インスペクタの「外観」タブにある「ボタン」フィールドを選択し、ポップアップして「ボタン：アイコン」にセットします。

インスペクタの「外観」タブで、選択されているボタンが「ボタン：アイコン」にセットしてあることを確認して、「▼グラフィック」の塗りつぶしを変えてみます。

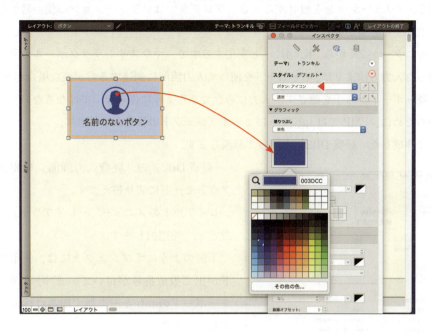

アクションの配色

ボタンとボタンアイコンには、4つのアクションがあります。
「ボタン」または「ボタン：アイコン」の下にあるポップアップには、

「通常」「ポイントしたときに表示」「押したとき」「フォーカス」の4つがあります（図参照）。

ブラウズ画面で、アクションがないときは、「通常」を示し、「ポイントした時に表示」はボタンにスクリプトが付与されていると、マウスカーソルをボタンに重ねた時に色が変化するなどのアクションがあります。

ただし、ボタンにスクリプトが付与されていないときは、アクションは起こらず通常の状態のままです。「押したとき」は、そのスクリプトが作動する寸前を指し、「フォーカス」は、キーボードのtabキーを使ってtab移動する中で、選択された時に変化します。

まとめると、ボタンには「ボタン」と「ボタン：アイコン」の2つの設定ができて、アクションが4つあるので、最大で8つの種類のボタンをデザインすることができます。

タブ順番設定とフォーカス

　DBを使うソリューションを設計するとき、プログラマはソリューションの使い易さを絶えず追求し、改善する必要があります。

　特に、モニターが2Kから3K、4Kへと変化する中で、マウスやトラックボールのマウスカーソルを使った入力方法よりは、キーボードを使って入力箇所に到達する方が楽な場合があります。なるべくキーボードから手を離さず、入力に専念できるように作らなくてはならない、というような場合のために、FMPではtabキーによるオブジェクトの移動ができます。

　第2章で作成した「経費DB2」を使って解説します。

　「経費DB2」の「経費入力画面」を開き、レイアウトモードに切り替えます。

　レイアウトのメニュー ＞ レイアウト ＞ タブ順設定... を選択します。

　下図のようにオブジェクトには、矢印フィールドが出て数値番号が付いています。この数値は、キーボードのtabキーを押す順番に移動する値を示しています。

　「タブ順設定」画面を使って、いったん全部のオブジェクトをクリアにし、矢印をクリックするなどして再度順番を付けていくことができます。

　ブラウズに戻って、タブ順番が変化しているかどうか、試してみましょう。

　キーボードのtabキーを押すと、順番通りに移動します。1つ前のオブジェクトに戻るときは、Shiftキーを押したままtabキーを押すと戻ります。

　ここで、新規レコードのボタンを作り、tabキーでフォーカスしたとき配色を変化させ、新規レコードが実行することを試します。

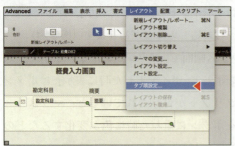

§1 オブジェクトの装飾

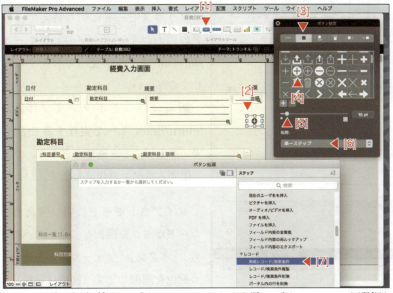

　レイアウトモードに切り替え、ボタンツールから [1] 単一ボタンツールを選択し、金額フィールドの下にボタンエリアをドラッグして確保します [2]。「ボタン設定」画面が表示されたら、[3] アイコンだけのボタンを選び、[4] + 系のアイコンを選択し、[5] スライドしてアイコンを適当なサイズにします。

　「ボタン設定」画面の「処理」で [6]「単一ステップ」を選択し、「ボタン処理」画面が表示されたら、ステップ ＞ ▼レコード ＞ [7] 新規レコード / 検索条件 を選択し、一度保存します。

　タブ順設定を行い、新規で作ったボタンを 5 番目にします。

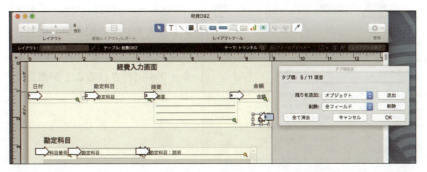

第3章 デザイン

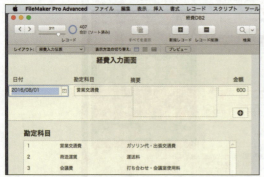

ブラウズモードに切り替えて、各フィールドの入力がキーボードの tab キー（戻る時は shift+tab キー）を使って移動することを確認してください。

新規に作ったボタンまで移動させたら、return/Enter キーを実行することを確認します。以上のことを確認できたら、フォーカスで変化するボタンを作成します。

レイアウトモードに切り替えたら、新規レコードボタンを選択し、インスペクタの外観から、「ボタン」「フォーカス」を選択して、目立つ配色を選択します（図では深緑）。

次に、「ボタン：アイコン」、「フォーカス」を選択して、塗りつぶしで白色に設定します。

ブラウズ画面に切り替えて、tab キーを使ってフィールドを移動し、順に入力できることを確認します。

tab キーで新規レコードボタンに来たら、ボタンとアイコンの配色が変化し、トリガ設定をしなくても return/Enter キーでスクリプトステップが実行されることが確認できます。

§1 オブジェクトの装飾

テキストフィールドの設定

文字の入力はDBの基本です。しかしながら、文字には全角半角、英数、半角カタカナ、記号の他に、書体の種類、サイズなど、多岐に渡って実に豊富です。

このため第2章でも練習したように、「四条」もあれば「4条」もあるようなDBの検索は厄介であることは前述しました。

このセクションでは、テキスト入力とその表示にスポットを当てます。

テーブル名：「フィールド」 とし、そこへテキストフィールドを1つ作り、レイアウトのテーマは「トランキル」とします（上図参照）。

好みもありますが、筆者の経験を書くとユーザーのパソコンすべてがMacOSの場合は、日本語をヒラギノ・ゴシック表示とし、印字画面の文字はヒラギノ明朝を標準とするのがいいようです。パソコンがWindows10など混在している場合は、両方のOSにあるメイリオフォントを画面周りに使用し、印字レイアウトは、MacOSとWindowsの場合分けをした方が無難です。特に、web表示を考えている場合は、実際に使うブラウズソフトに表示しながら決めることです。

オブジェクトを配置する時に、あると便利なツールを紹介します。

■【定規】 レイアウトメニュー > 表示 > 定規

■【グリッド】 オブジェクトすべてを磁石に沿って配置するツール

レイアウトメニュー＞表示＞グリッド▶グリッドを表示　：方眼紙のような画面に変化します。
レイアウトメニュー＞表示＞グリッド▶グリッドに沿わせる　：方眼紙ラインに沿ってオブジェトが配置されます。組合せによって、グリッドを表示しないままで「グリッドに沿わせる」画面に設定することもできます。

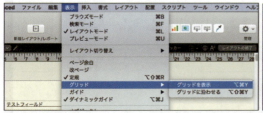 

■【ガイド】 オブジェクトをガイドラインに沿って磁石のように配置するツール

　メニューを使って表示することもできますが、マウスカーソルを定規のエリアに移動し、ドラッグして移動すると、縦または横のガイドが表示されます。ガイドのラインは何本でも表示させることができます。

　ガイドラインを消すときは、ガイドラインを選んでキーボードの delete キーでも、ラインを選択してドラッグし、定規エリアに運んでも消えます（アドビ社のイラストレータと同じ）。

　ガイドは、グリッドと同じく２つの組合せができます。

レイアウトメニュー＞表示＞ガイド▶ガイドを表示

レイアウトメニュー＞表示＞ガイド▶ガイドに沿わせる

　オブジェクトを整列してデザインする時に便利です。ただし、ver.15 の段階ではアドビ社のイラストレータほど精度はないので、拡大して確認する必要があります。

テキストフィールドの装飾

　下図のようにテキストフィールドを選択して、「▼段落設定」を使って「行揃え」「行間」などを指定するのが基本です。

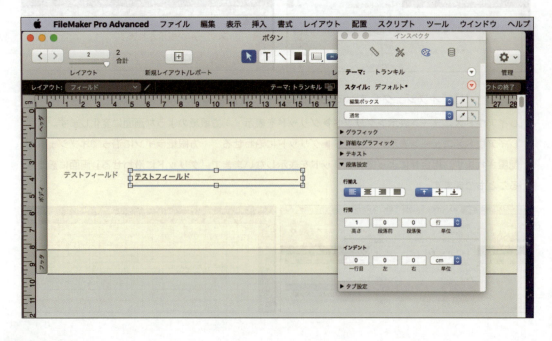

§1 オブジェクトの装飾

しかしながら、前述したようにパソコンは書体の種類が豊富なので、書体のベースも異なります。英数と漢字が並ぶと不揃いになります。これを解消するのがパディングです。

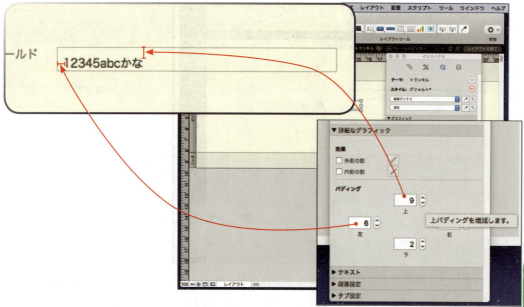

パディングのデフォルトの値は、テーマによって違います（テーマについては次のセクションで解説します）。FMPのパディング設定は、HPを作成するときのHTMLのような複雑さがなく、使い勝手がよくできています。

次は、フィールドの枠に関する装飾です。フィールドを下右図のように浮き上がっているようにするためには、[1] 変更したいフィールドを選択し、「▼詳細なグラフィック」の [2]「外部の影」の をクリックし、[3] 下図のようにセットします。

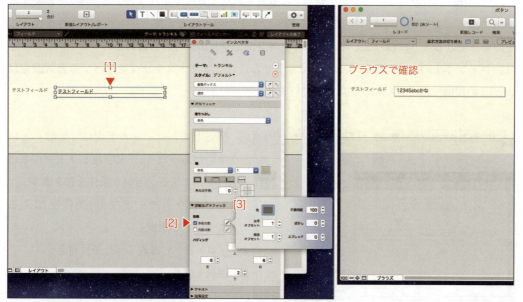

次はエンボスです。フィールドが内側にくぼんだように見えます。フィールドをエンボスにするには、「▼詳細なグラフィック」の「内部の影」を選択します。

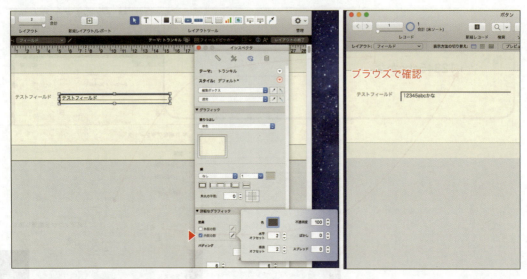

この他によく使う例として、フィールドが日付タイプのときのカレンダー表示や、通貨のときのフォーマットの指定などは、第1章のセクション4を参考にしてください。

テキストフィールドの値による条件装飾

フィールドの値が、土曜日のときは青色に、日曜日のときは赤色に自動的に表示させ、他は黒色というような場合、解決方法は2つあります。

1つは、フィールド関数を使って土曜日、日曜日を区別し、RGB操作をする方法です。この方法は現在は余り使いません。フィールドに数式を入れて負荷をかけると、処理速度を遅くする原因になることが明白だからです。そこで、もう1つの方法として、フィールド条件を使うことで解決できるようになりました。それを、**オブジェクトの条件付き書式**といいます。この設定は、レイアウトのみでしか行うことができません。スクリプトステップを使っての書式設定はver.15の段階ではできないことになっています。

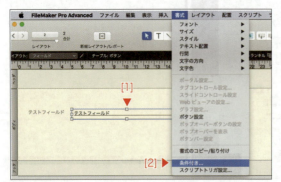

例として、フィールド内に「医師」という単語があったら、「文字色とフィールドの配色を赤くする」という条件を書きます。

レイアウトモードで [1] 条件を加えるフィールドを選択し、

メニュー ＞ 書式 ＞ [2] 条件付き ... を選択します。

§1 オブジェクトの装飾

「『テストフィールド』の条件付き書式」の画面が出たら（上図）、[3]「追加」ボタンをクリックします。すると、下記のような条件が表示されます。「条件」の「値が」を [4]「計算式が」にします。

指定のボタンをクリックするなどして条件式を入れます。条件の計算式は、

　　　　PattenCount (Self ; "医師") ≧ 1

とします。自分自身のフィールドの意味でSelfを使うことができます。条件式が真であるならば、フィールドの書式の文字色と塗りつぶし色を変更します。条件式が真でないならば、何もしません。条件式と真のときの書式を設定したらOKをクリックします。

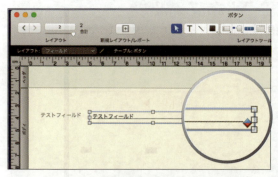

フィールドに条件が入ると、レイアウトモードでは図のようなバッジが付きます。反対に、フィールドに図のようなバッジがあるときは、何らかの条件がフィールドに付与されていることを示しています。

下図は、実際に文字の中に「医師」を入れた場合と入れない場合を試した結果です。

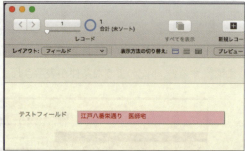

マージフィールド

テキストフィールドに格納してある文字列を、ブラウズモードで表示または非表示にすることが必要な場合があります。

例えば、スクリプトは、命令文の中にフィールドの値を読んで変数に格納するような場合、読みにいったレイアウト画面に、そのフィールドが表示されていない時はエラーになります。レコード番号やID番号など、スクリプト命令に必要な値は、必ずフィールド表示していなくてはならないので、見られたくないフィールドを最小にして、オブジェクトで隠すなどの処置を取ることが多いようです。

この他に、フィールド表示をしているけれども、フィールドの枠を透明にして文字だけにする方法や、文字色をバックグランドと同じ配色にするなどもあります。

下図は、フィールドのラインを透明（なしにする）にして表示する様子です。

§1 オブジェクトの装飾

この場合は、レイアウトでインスペクタの「データ」タブの「▼フィールド入力」から「ブラウズモード」と「検索モード」のチェックを外して、上書きがないようにロックする必要があります。逆に、フィールドを「ブラウズモード」と「検索モード」のチェックを外して上書きがないようにロックしていても、スクリプト命令ではフィールドのデータを呼び込んで格納します。

フィールドを表示しないで、フィールドの値を表示する場合は、「マージフィールド」を使います。

「マージフィールド」は、フィールドの文字を表示する文字列であって、フィールドではないので、検索や変数の書き出しには利用できません。

テストフィールドをマージフィールドとして表示する手順を説明します。

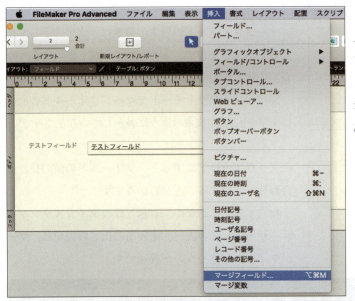

レイアウトモードに切り替え、メニュー > 挿入 > マージフィールド... を選択します。

その場合、フィールドやオブジェクトを選択しておく必要はありません。

「フィールド設定」画面が出るので、マージフィールドとして使いたいフィールドを選択します。

マージフィールドが登場すると、<< と >> でフィールド名がくくられて表示されます。

マージフィールドを表示するために、フィールド自身が表示されている必要はありません。

また、数値や日付の装飾はフィールドと同じで、マージフィールドの部分を選択して、インスペクタを使ってフォーマットを変更すると、指定した通りに表示されます。

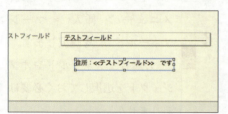

マージフィールドの最大の特徴は、文字列として扱うことができるので、「<< 氏名 >> 様」というような表記の仕方が可能です。

図は、レイアウトモードでマージフィールドの前後に文字を入力し、文章のように表示しているところです。

ブラウズモードにすると、フィールドの値の長さに合わせて伸縮することがわかります。

検索することがなく、表示だけのタイムスタンプやユーザー名などの表記、印刷用の氏名の表記は、マージフィールドを使うのが普通です。

オブジェクトを説明する

【ポップアップヘルプ】

ブラウズモードで、フィールドやオブジェクトにマウスカーソルを合わせると、下図のように文言が出てきます。これを**ポップアップヘルプ**といいます。ペーパーレスを推進できるアイテムとして紹介されてきました。

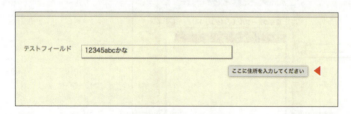

オブジェクトにポップアップヘルプを表示できるようにするには、レイアウトモードでターゲットとなる [1] オブジェクトを選択し、インスペクタの位置タブから [2]「ポップアップヘルプ」フィールドに文言を入れます。　をクリックして、数式を入力することも可能です。

§1 オブジェクトの装飾

ポップアップヘルプが付与されているオブジェクトは、レイアウトモードでは下図のようなバッジが表示されます。

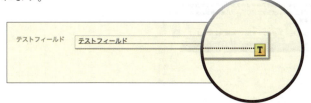

【ポップオーバーボタン】

ボタンにポップアップヘルプのような吹き出しができるようにして、そこで設定や他のテーブルの計算結果を表示する機能を**ポップオーバーボタン**といいます。最近できた機能なので事例が少なく、これから期待される機能のようにも見えます。

下図は、第2章のセクション3で作成した「経費DB2」の月別集計です。集計を行った各行にポップオーバーボタンを貼付けて、クリックしたらその月の内容として、月ごとの内訳をリスト表示しています。

第2章の復習を含め、ポップオーバーボタンにポータル表示をする練習をしましょう。

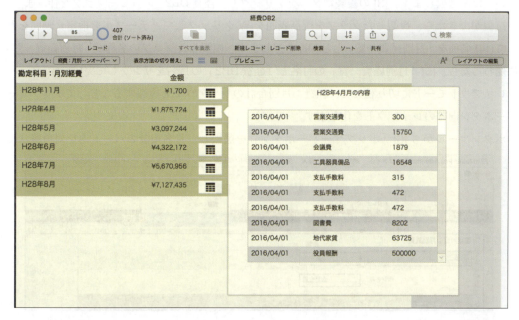

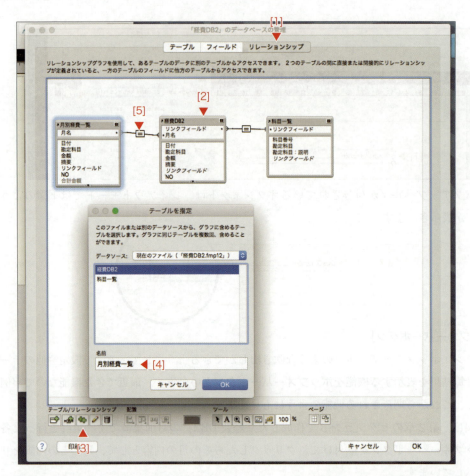

「経費DB2」のデータベース管理の[1]リレーションシップを開き、[2]「経費DB2」のグラフをいったん選択します。[3]の複製ボタンをクリックし「経費DB2」のコピーグラフを作ります。

複製ができたら、複製したグラフを選び表題をWクリックして「テーブルを指定」画面をだして、[4]名前を「月別経費一覧」としOKを押します。複製したグラフの名称が「月別経費一覧」に変わったら、[5]「月別経費一覧」の月名と「経費DB2」の月名をリンクして完成です。

レイアウトモードに切り替えて、経費：月別合計のレイアウトを複製するなどしてポップオーバーボタン向けのレイアウトを作ります。

ボタンツールから[6]「ポップオーバーボタン」を選択し、月名集計のパート内を対角線状に

§1 オブジェクトの装飾

ドラッグしてボタンを設置します。

下図のようになれば成功です。ボタンをデザインする要領でポップオーバーのボタンを作り、[7] ポータルツールボタンを選択します。

ポップオーバーの吹き出しエリアを [8] 対角線状にドラッグして「ポータル設定」画面を出します。「ポータル設定」画面の「関連レコードを表示」の [9]「月別経費一覧」を選択し、表示するフィールドを決めて、[10]「垂直スクロールを許可」にチェックを入れます。

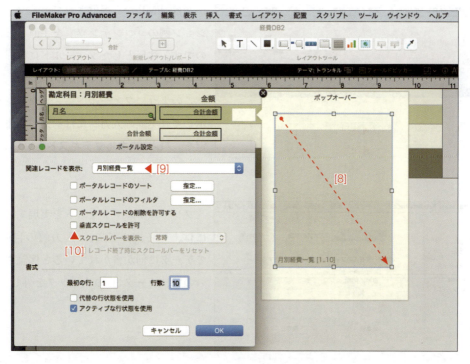

第3章 デザイン

211

　ポップオーバーにポータル表示をする練習からもわかるように、ポップオーバーを使えば、レイアウトを切り替えることなく、プログラマのアイディアによって様々な詳細設定を盛り込むことができます。

プレースホルダテキスト

　図は、FMPから提供されているソリューション例の「コンテンツ」を手直ししたものです。注目としたフィールドには、薄い字で「ここに名前を入れてね」とあります。

　このようにフィールドにメッセージを表示して、実際の入力時には消えてしまう設定を、プレースホルダテキストといいます。

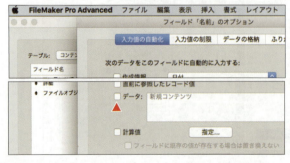

　プレースホルダテキストを実現するためには、フィールドに、「入力値の自動化」でデータに何か書かれていると保証されないので、「データ:」のチェックを外します。

§1 オブジェクトの装飾

　上図のように、レイアウトモードに切り替えて、プレースホルダテキストにしたいフィールドを選択し、インスペクタの「データ」タブから「プレースホルダテキスト」のフィールドに表示したい文言を書きます。プレースホルダテキスト設定したフィールドには下図のようなバッジが付きます。

　FMP以外のDB言語では、プロパティという項目を使います。オブジェクトにはオブジェクトのプロパティ、フィールドにはフィールド用のプロパティ、というようにです。

　FMPは、プロパティという考え方とは離れて、オブジェクトの配色や位置の設定をインスペクタで行うという方法を採用しています。アップル社のXcodeもインスペクタと同じような開発方式を取っています。たぶん、ツールの統一こそされなくても、概念は同じという時代はファイルメーカー社とアップル社が担うことになるでしょう。

レイアウトモードのツール概要

　スクリプトでレイアウトの作業を制御することはできません。レイアウトモードは、あくまでもデザインを行う画面です。オブジェクトの配置や次のセクションで解説するバックグラウンドの編集を行います。オブジェクトの変更の仕方や操作方法は、マックドローというソフトに準じていて、多くのドローソフトやアドビ社のイラストレータのツール群とあまり変わりません。

　外部からオブジェクトをインポートして画面にペーストするためには、png または jpg フォーマットにしたものを、ドラッグ＆ドロップするか、

　　　　メニュー ＞ 挿入 ＞ ピクチャー .... でインポートすることができます。

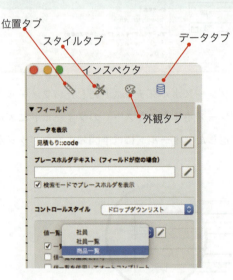

位置タブ
スタイルタブ
データタブ
インスペクタ
外観タブ

レイアウト設定：レイアウトの名称を変更やテーブル変更、レイアウトのトリガ設定を行います。

レイアウトの枚数を示し、各レイアウトをページをめくるイメージで見ることができます。

レイアウトモードであることを示す黒帯

今開いているレイアウト名

新規にレイアウトを作成するとき、どのレイアウトサイズにすべきかを選択して、画面サイズを自動生成します。

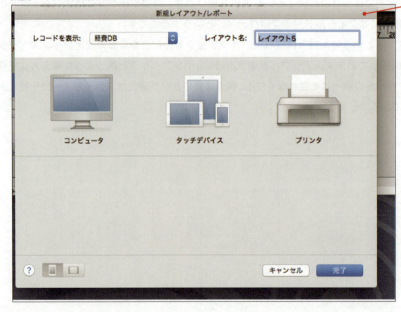

§1 オブジェクトの装飾

オブジェクトです。ボタンにもなるし背景色としても使えます。

最初からボタンとしてオブジェクトを設置する場合、ボタンオブジェクトとポップオーバーできるボタンを選択します。

タブエリアとスライドコントロールを作ります。

レイアウトモードの管理ボタンは、メニュー>管理 と同じです。

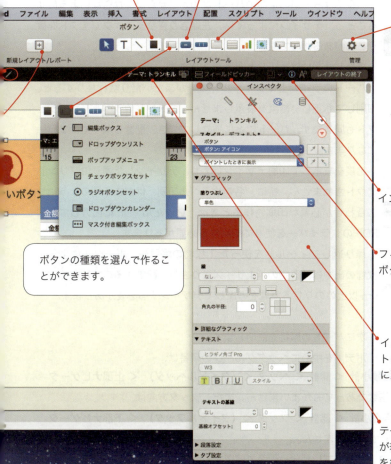

ボタンの種類を選んで作ることができます。

インスペクタの表示/非表示ボタン。

フィールドピッカーの表示/非表示ボタン。

インスペクタ：選択したオブジェクトの位置、配色、表示フォーマットに至る設定を行います。

テーマ：選択しているテーマの名称が表示されています。テーマの変更を行うことができます。

第3章 デザイン

215

§2　パートと印刷

FMPのソリューションの出力を何にするかによって、パートの配置が変わります。

デザインをする方針としては、FMPをよく知っているユーザー同士のソリューションとして使うのか、印刷するための画面なのか、webのようにホームボタンを使ってページをめくるイメージで作るのか、という3つに大きく分かれます。

さらに、iPadのようなモバイル向け（メニューやFMPが提供している操作ツールを持たせないキオスクモード）の画面デザインができるようになりました。

このセクションでは、パソコンで稼働させることを前提としたソリューションのデザインについて解説します。

パートの基礎知識

レイアウトモードの下にあるパートツールをクリックすると、図のようにパート表示が変化します。これは、パートにはパート名があって、長くなって何のためのパートなのか分からなくならないようにすることと、デザインによっては、左端ぎりぎりまでオブジェクトを置くことがあるためです。

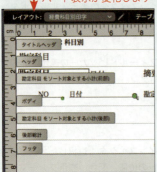

パート表示が変化します

またパートにはルールと順番があります。

パートのライン上にフィールドの枠がまたいだり触れたりすると、印刷しても正しい結果を表示しません。コメントやラベル、オブジェクトも同じです。パートごとに独立して描き、配置しなくてはエラーになります。

定規を表示して印刷デザインしても、デザインした通りにプリントアウトされません。特に、名刺やラベル印刷、はがき印刷のように寸法合わせが必要な印刷物作るときは、いったんPDFに出力してからPDFのドライバーを使って印刷する必要があります。

繰り返しフィールドを使った1枚物の帳票や、ポータルによる1枚物の出力は、既定のA4サイズぎりぎりに配置するのではなく、1cm以上ののりしろ領域を考慮してデザインする必要があります。

次にパートの順番を説明します。
ボディを中心にヘッダグループの順番は、

ボディ ＜ ソートを伴う各種小計 ＜ 総計 ＜ ヘッダ ＜ （タイトルヘッダ）＜ 上部ナビゲータ

で、ソートを伴う各種小計は複数であってもかまいません。また、フッタ方向は、

ボディ ＜ ソートを伴う各種小計 ＜ 総計 ＜ フッタ ＜ （タイトルフッタ）＜ 下部ナビゲータ

の順番で、パート順を変えることはできません。

タイトルヘッダとタイトルフッタは、プレビュー画面で確認することができますが、ブラウズモードでの表示はできません。

※「＜」は順番を示す。

テーマ

レイアウトテーマは 3 種類あります。

1 つ目は、FMP と web で利用する場合のテーマです。

下図は、「ソフィスティケーティッド」という名称のテーマをプレビューしているところです。

2 つ目は、FileMaker Go で操作することが前提となるモバイル画面です。テーマ名にはタッチが付きます。3 つ目は、背景色が白でフィールドも印刷を前提とする場合です。「〜印刷」という名称や「基本」の「ミニマリスト」がそれに当たります。

選択したテーマを土台として、独自にデザインすることはもちろんできます。

独自でデザインしたテーマを、ファイルのように名称を変えて保存することはできませんが、名称はそのままで、中身は独自のデザインセットにすることはできます。

テーマで使う配色、フィールドデザイン、ボタンデザインと配色にはテーマごとの統一性があります。このため、複数のプログラマでソリューションを作るときは、先にテーマを決めておきさえすれば、仕上げの時に統一性を持たせることができるようになります。

 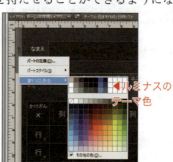 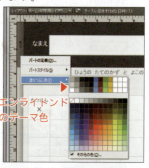

パートと集計計算

パートと集計（科目別の小計と合計などのこと）は、レイアウトモードのツールにある「新規レイアウト / レポート」ボタンをクリックして、自動で作成することができます。

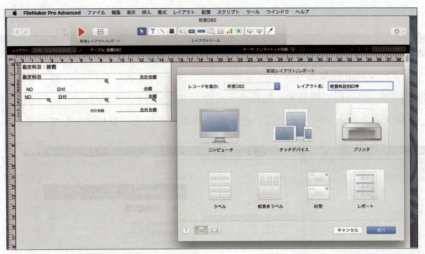

今回は、そのようなオートマチックを使わずに、パートの練習として集計を行います。

集計のフィールドを定義します。

「経費DB2.fmp12」を使って説明します。

経費集計 DB テーブルに「合計」フィールドを追加して、タイプ「集計」とし、金額の合計とします。

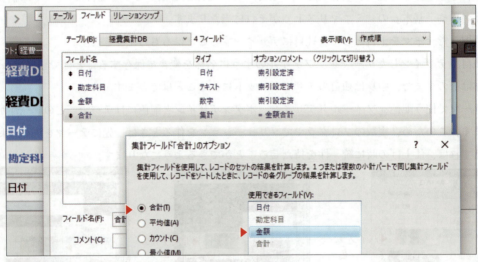

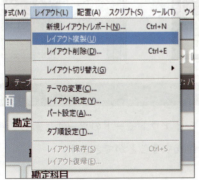

次にレイアウト：検索画面を開き、「レイアウト複製」を選択して、レイアウト設定から「経費一覧：デザインFMP」とします。

§2 パートと印刷

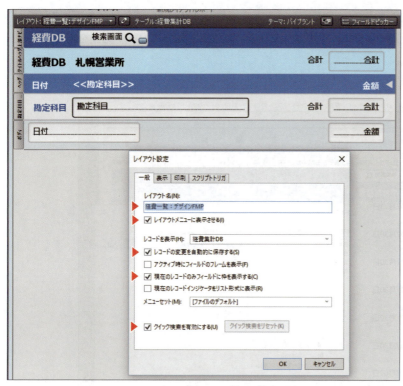

図は、パートを作ってフィールドを配置しているところです。例に従ってパートを作り、フィールドを配置してください。

ブラウズモードに切り替えると、上部ナビゲーションエリアはウインドウサイズとともに伸縮しますが、ヘッダとボディは横に伸縮しません。そこで、ヘッダに「◁」を作り、[1] 上図のように選択してから、[2] インスペクタの「位置」タブの「▼自動サイズ調整」の図を使って、左磁石を止め、[3] 右磁石を入れます。

保存してブラウズモードにしたら、上部ナビゲーションと同じ伸縮をするようになります。

ブラウズモードに切り替えたら、全てのレコードを表示し、「ソート」ボタンをクリックして「勘定科目」ごとの集計を実行します。下図は「ソート」ボタンを使ってソート画面を出し、ソート設定している画面です。

ソートしたら、ブラウズモードで「プレビュー」ボタンをクリックし、パートの表示を比べます。ブラウズモードで見ると、タイトルヘッダ（タイトルフッタも同じ）は表示されていません。

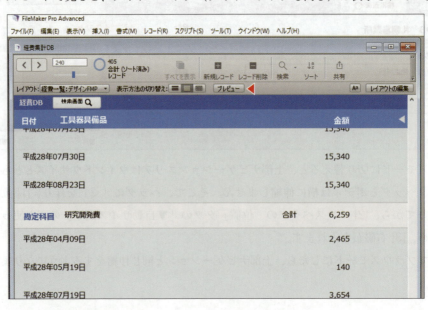

プレビューすると、1ページ目にタイトルヘッダが表示され、2ページ目以降にはタイトルヘッダではなくヘッダが表示されています。

プレビュー1ページ目

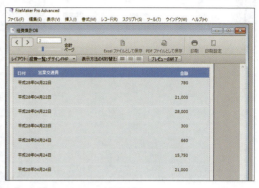

プレビュー2ページ目

印刷画面

FMPの強みは、印刷画面の設計ができるところです。FMPからドライバーを通じてダイレクトに印刷できますが、前述したようにブラウズモードのフォーム形式と表形式から印刷するときは、ダイレクトでも印刷誤差はありません。しかし、リスト形式の時と、下図のようなラベル印刷の時は、ダイレクトに印刷してもズレてうまくいかないことがあります。そのような時は、いっ

たんPDFにしてから印刷するようにします。ただし、カラー印刷の時は、PDFに変換したものとダイレクトに印刷したものとでは、質的に変化し一般にはPDFへの変換は劣化を招きます。

印刷で最も困難なのは、リスト表示したものを印刷するときです。

これは、欧米の一覧と日本の一覧の文化の違いによるところが大きく、一覧における罫線のこだわりが影響しています。このため、DBを使ったソフトウェアの開発は、罫線による帳票デザインに費やす時間と労力が増えることになります。

ということで、FMPが持っている印刷設定の特徴に精通しておく必要があります。

テーマをエンライトンド印刷に変更して、「経費DB2.fmp12」でいくつか試してみましょう。

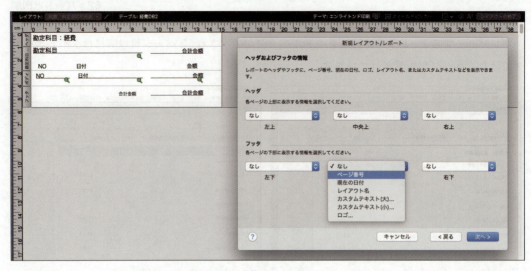

「新規レイアウト / レポート」機能を使って、上図のようにリストイメージのレイアウトを作ります。

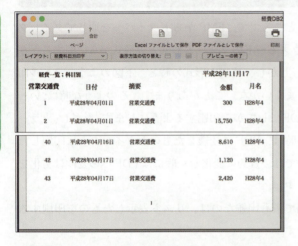

プレビューでは、印刷イメージを表示します。プレビューでページをめくり、印刷イメージを確認します。

パートのボディを2色のストライプ（ボーダーともいいます）にするには、レイアウトでボディを選択し、「メイン」の配色を施し、「代替」にしてから代替えの配色を指定します。

§2 パートと印刷

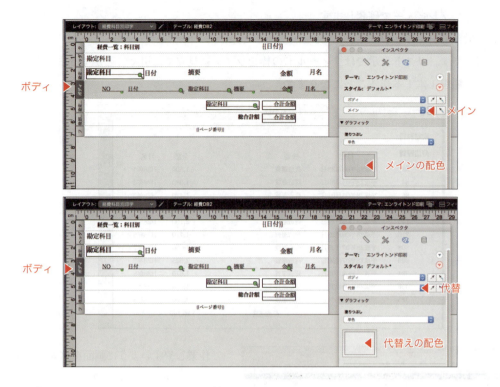

今度は、2色のストライプをやめて線を引きます。

パートのボディを選択し、「▼グラフィック」の塗りつぶしを「なし」にして、線を「単色」にし線幅を 0.25 としたら配色します（下図参照）。

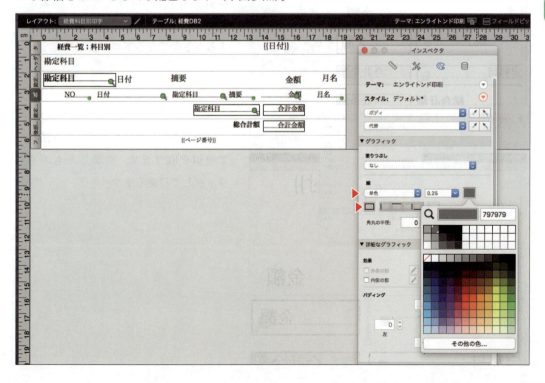

ソートしてプレビューで確認します。

これで横線を引くことができました。

次は縦線です。リスト表示ではフィールドの枠をラインに見立てて引くことができません。そこで仕切り線を1本1本作ることになります。

作業しやすいように画面を拡大します。

ツールからラインを選んで、shiftキーを押したままラインを引きます。上と下の横のラインに触れないようにぎりぎりに引きます。shiftキーを押したままで線を引くと、水平垂直45度の直線にすることができるドロー技です。

完成したら、完成したラインを選択して複製を取ります。複製したものをドラッグして移動します。

縦線2本目を配置します。

これを繰り返し、仕切りラインを置きます。

どんなに慣れているプログラマでも、縦線を描いて帳票をデザインするときは、時間がかかります。オブジェクトの整列指定や等間隔指定などを使って完成します。

勘定科目				
会議費	日付	摘要	金額	月名
3	平成28年04月01日	会議費	1,879	H28年4
15	平成28年04月04日	会議費	2,494	H28年4
46	平成28年04月21日	会議費	2,163	H28年4
90	平成28年05月06日	会議費	2,350	H28年5
97	平成28年05月09日	会議費	3,000	H28年5
158	平成28年06月02日	会議費	1,911	H28年6
225	平成28年07月01日	会議費	1,074	H28年7
276	平成28年07月18日	会議費	4,580	H28年7
335	平成28年08月09日	会議費	4,446	H28年8
349	平成28年08月19日	会議費	3,670	H28年8
350	平成28年08月19日	会議費	4,483	H28年8
363	平成28年08月23日	会議費	1,218	H28年8
364	平成28年08月23日	会議費	11,550	H28年8
395	平成28年08月29日	会議費	950	H28年8
		会議費	¥45,768	

　総じてパートを使ったソリューションは、FMPを操作できるユーザーを前提にした製作方法です。
　FMPが装備しているステータスバーのボタンやメニューを使って操作することになるので、データの扱い方に柔軟性を高め、DBの責任の所在が明確になるばかりでなく、スクリプトを使った作りこみはグッと少なくてすみます。反面、初心者ユーザーを寄せ付けない困難さは否めず、データエントリーにミスを生じやすくしてしまうという欠点をもっています。
　解決方法は、日頃からのデザインの研究が必要です。かっこいいという画面に出会ったらメモを取り、機会があったら取り入れるという気構えと、ユーザーレベルをどう引き上げるか、ということを経営者と考える必要があります。

§3　キオスクモード

　FMP は 3 つのモードでソリューションを作ります。にもかかわらず、「キオスクモード」という言葉がいたるところにでてきて、プログラマを困惑させます。

　辞典で調べても、キオスクは国鉄時代のキオスク売店の説明が多く、DB との関連は判然としません。どうやら、DB でいうキオスクモードは一種の目標であり、FMP の 3 つのモードとは何の関係もない言葉であることがわかります。

　つまり、FMP でいうキオスクモードとは、下図のように操作ボタンがないブラウズモードをいいます。Advanced の機能を使うとメニューをカスタマイズして、ほとんど利用できなくすることもできます。

手動では、ここのボタンを押すことでステータスエリアの表示 / 非表示を行います

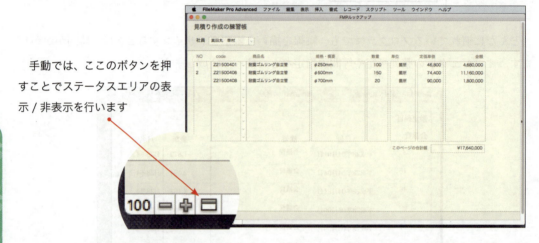

　キオスクモードに相対する考えは、FMP のブラウズモードを DB 操作のための最大限の資源とすることです。そのため、ユーザーには、ソリューションのブラウズモードにある操作ボタンやメニューを熟知していることを求めることになります。

ステータスツールバー

スクリプトでは、「ツールバーの表示の切り替え」を使います。

　ブラウズモードのメニューからは、表示 > ステータスツールバー を選択するのと同じです。

§3 キオスクモード

書式設定：スクリプトではテキスト定規

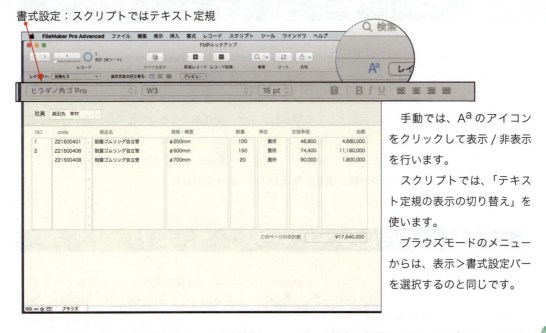

手動では、Aa のアイコンをクリックして表示/非表示を行います。

スクリプトでは、「テキスト定規の表示の切り替え」を使います。

ブラウズモードのメニューからは、表示＞書式設定バーを選択するのと同じです。

キオスクモードに加えるか加えないかの判断は、ユーザーの能力に帰属します。その中でも、DB の中のテキストボックスのレベルは、「テキスト定規」で自由化することができます。

キオスクモードに関連してくるスクリプトを下図にまとめておきます。

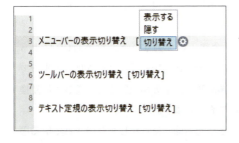

それぞれに、表示する、隠す、切り替えの３つを選択できるようにしてあります。

ソリューションファイルを開き、メニューの ファイル ＞ ファイルオプションで、「すべてのツールバーを隠す」にチェックを入れると、スクリプトのツールバーと同じでステータスツールバーを指し、隠すのと同じ結果になります。

第3章 デザイン

§4　縦書き作法

ソフトウェアの処理の流れを、入力（input）→処理（process）→格納（memory）→出力（output）とすると、FMPでいう縦書きは出力処理に位置します。残りの入力、処理、格納は、縦書きには無関係であると考えるようにしてレイアウト設計やスクリプトを作るのがコツです。

縦書きは日本の文化なので、用途としても限られますが、できるとできないとでは大違いであることも確かです。

今までに筆者が経験してきたFMPの縦書きは、年賀状や案内状のDBと氏名住所出力などです。

このセクションでは、神社や寺院の領収証発行DBの一部を紹介します。

縦書き領収証発行DBを作る

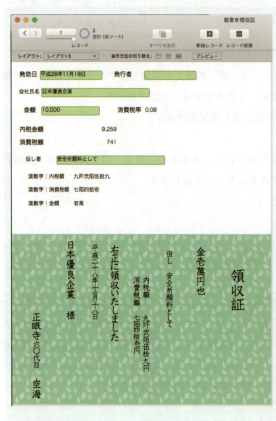

図は、A4縦の用紙をイメージしています。カラープリンタで印刷して、上半分は、控えとしてDBに登録する内容を表示しています。緑色のフィールドは、パソコンから入力したフィールドの値です。

下半分は切り取って顧客に渡す領収証です。

発行日は、日付タイプでフィールドを作ります。

「金額」に入力すると、税率0.08によって内税金額と消費税額に計算され、上半分では通常表示、下の領収証では、漢数字に変換して表示します。

会社氏名は、あらかじめ登録されている顧客をポップアップで選択できるように設定されているものとします。但し書きは、単純ポップアップを使うこととします。

ちなみに、縦書きであれ横書きであれ領収証の条件は、発行した日付があること、領収証であることが明記されていること、領収した金額が明記されていて、支払い先と受け取り先の名前がわかること、受け取り先の印があること、となっていれば領収証と認められます。また、領収証に印はなくても、第三者がそれとわかるものであれば領収証として認められます。要は、正式なフォーマットで書かれているかいないか、または領収証の印があるかないかではなくて、領収証を発行した側も受け取った側も、双方で認められるものであるなら、どのようなものでもいいことになっています。

テーブルのフィールドと計算式

テーブルは2つあって、1つは顧客テーブルで、もう一つは領収証とします。

顧客テーブルは、今まで学んできた応用で担当者制は使わず、リンクフィールド（グローバル）を使ってポップアップできるようにします。

領収証テーブルは、顧客から会社名氏名がポップアップ表示されることを前提に作ります。縦書きを意識せず、領収証を発行するためのフィールドを考え作成します。

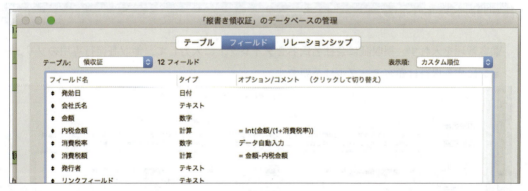

次に、何を縦書きにするかを考えます。発行日などの日付は、関数を使って変換する必要はありません。しかしながら、金額や内税金額、消費税は関数を使って 100 を百に、1000 を阡のように変換する必要があります。レイアウトモードのインスペクタにあるデータタブの通貨を使っても 1000 は一〇〇〇にはなりますが、壱阡にはなりません。

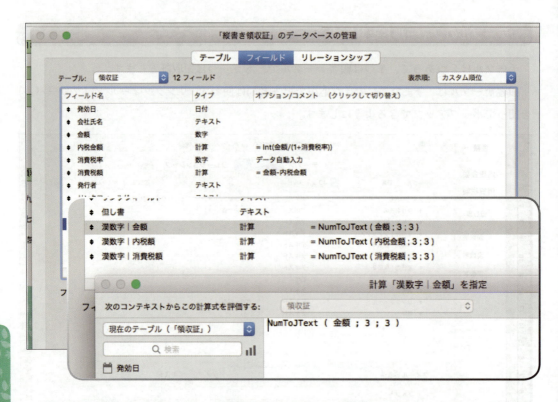

「漢数字｜金額」フィールドに入る計算式は、NumToJText を使います。NumToJText の仕様は、NumToJText（ 数値 ； セパレータ ；種類 ） です。数値が 12345 の場合、セパレータに 3 を入れて、種類に 3 を入れた値は、壱萬弐阡参佰四拾伍 に変換します。セパレータに 2 を入れて、種類に 0 を入れた値は、1 万 2345 になります。

金額と内税額、消費税額の 3 つを、NumToJText 関数を使って漢数字に表記します。

リレーションシップ

顧客管理を入れず、領収証に会社名氏名をダイレクトに入力して、領収証発行専用のソリューションにする場合は顧客テーブルは不要です。

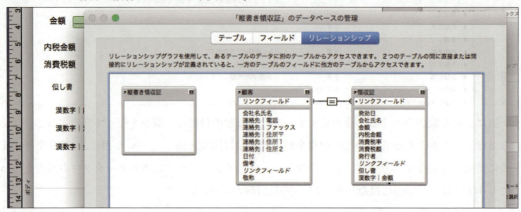

レイアウトモードでの縦書き作法

領収証のレイアウトモードで、A4サイズに枠を作ります。

ボディのみにしてヘッダとフッタを削除します。

ボディの中央にラインを入れ、プリントアウトした時の切り取り線とします。テーマは、エンライトンド印刷とします。

下半分を顧客に渡す領収証となるようにデザインします。

Ｔツールを使って、領収証と文字を入力します。

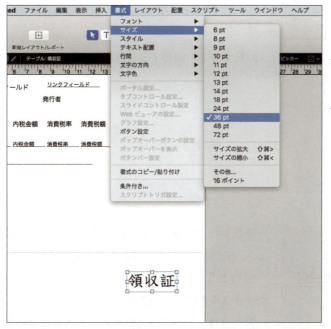

入力した「領収証」を選択し、インスペクタを使うか、メニュー＞書式＞フォントから「教科書体」などの縦書きしても見劣りしない書体を選び、サイズも変更して大きくします。

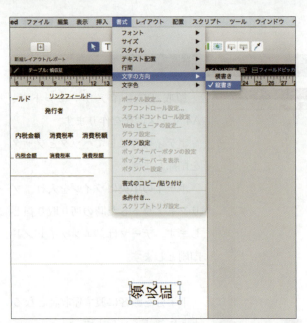

領収証のサイズ変更ができたら、再度「領収証」の文字を選び、
メニュー > 書式 > 文字の方向 > 縦書きを選びます。縦書きにすると図のように縦文字ですが、横になります。

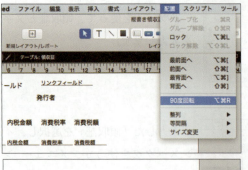

図のようになった「領収証」を選択したままにして、
メニュー >配置 > 90度回転 を選びます。

回転すると、図のように縦書きが成功します。

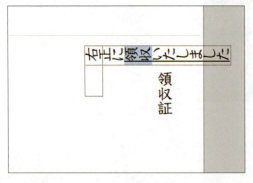

成功した「領収証」のテキストを複製して移動し、「右正に領収いたしました」と書き直します。

図のように文字は縦文字ですが、90度回転前のテキスト欄で書き直しをします。

縦書きは、この作業に慣れるところから始めます。つまり、成功したテキストオブジェクトを複製し、文言およびフォントサイズなどを変更する方法をとると、早く作ることができます。

次に、フィールドの内容を表示させます。上半分にフィールドが表示されているので、下半分は、フィールドではなくマージフィールドを使って表示することができます。

　発効日をマージフィールドから指定して、フォントとフォントサイズを指定したら、インスペクタの「データ」タブの「▼データの書式設定」を使って、書式を和暦にして日本語の数字の形式を「漢数字２」に指定します。

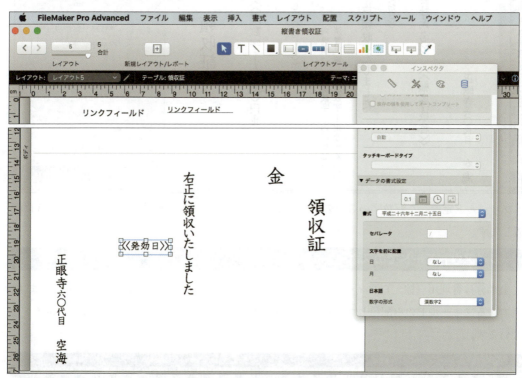

「漢数字２」に指定したら、90度回転をします（下図参照）。

　発効日ができたら、発効日を再度選択して、マージフィールドから「会社氏名」と顧客テーブルから「::敬称」をつなげます。顧客テーブルを使わない場合は、会社氏名の後に１スペースあけて「様」をテキスト入力します。

　計算がないフィールドの配置は、これで完了とします。

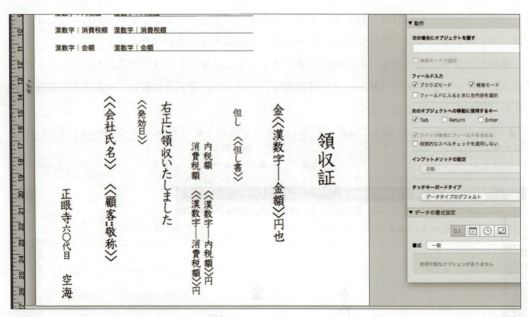

　フィールド定義した漢数字の3つのフィールドを、マージフィールドを使って上図のように配置します。

レイアウトモードでのスポイトツールの作法

　上半分は管理用（控え）フィールドでした。その中でも、入力するフィールドは限られます。入力するフィールドのみ配色して、他のフィールドと区別するというようなときは、スポイトを使います。

　入力フィールドの「発効日」を選択し、塗りつぶしをします。塗りつぶしが終了したフィールドを選択し、インスペクタの「外観」タブの「通常」の左スポイトを選択してクリックします。これで「発効日」のフィールドが通常のときの配色がコピーされました。

　発行者、会社氏名、金額、但し書は入力フィールドなので、shift キーを使うなどして残り4つのフィールドを選択します。

§4 縦書き作法

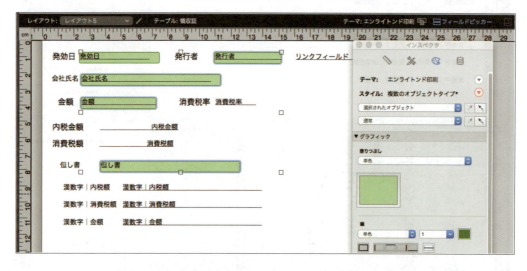

4つのフィールドを選択したら、「状態ペースト」ボタンをクリックします（上図参照）。すると、配色はペーストされ4つのフィールドの塗りつぶしが完成します。

領収証の背面に模様を入れる

領収証の背景色となるオブジェクト（pngファイルまたはjpgファイル）をドラッグするか、メニュー > 挿入 > ピクチャー... から選択して背景色となるファイルを読み込みます。

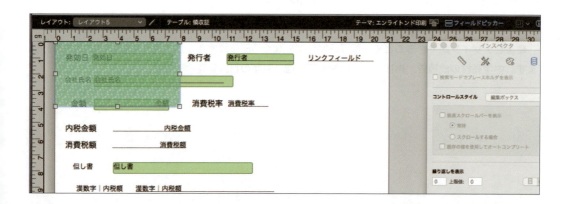

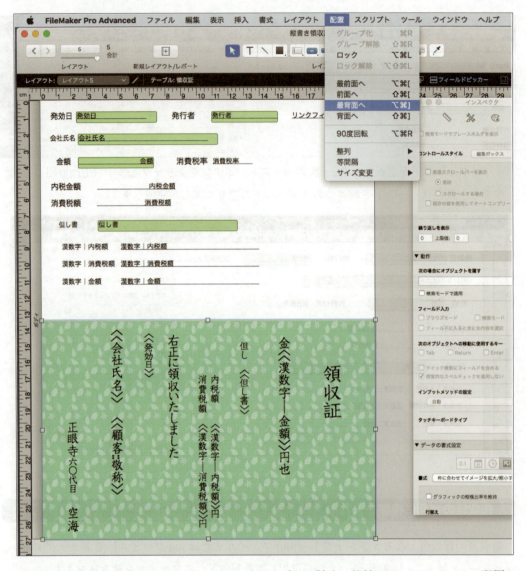

　読み込んだ背景色のファイルをハンドルをドラッグして拡大/伸縮させ、メニュー > 配置 > 最背面 を選び、上図のようにセットしたら完成です。

　縦書きデザインができることで、領収証ばかりでなく DB を縦書きにして使う場面は他にも多々あります。中学高校の成績表、神社・お寺のお布施管理、財産の目録管理などです。

第4章 共有と配布

　プログラミングの経験があっても、コンパイルを知らなければプログラマとはいえないように、ネットワークを知らずして共有ということは理解できません。現時点では、コンパイルも共有も日常生活で使うことがないばかりか、専門的な事柄です。このため、この章で、初めて聞く単語や聞いたことがない言葉も多いかもしれませんが、その場合は、「なぜそういうのか」と考えずに「それはそういうものなのだ」と言い聞かせながら、例題を確かめながら読み進めてください。

§1 ランタイムの配布

　ネットワークしていない1台のパソコン内で利用するソリューションのことを日本語では「スタンドアローン（stand - alone）」とか「スタンドアローンで使う」といいます。

　FMPのソリューションは、一つのファイルとして完成します。

　パソコンでソリューションを起動する場合は、パソコンにFMPがインストールされて存在している場合と、FMPがない場合があります。

　パソコンにFMPがない場合にソリューションを試したい場合は、Advancedを使ってコンパイルし、配布用にソリューションを作ることができます。コンパイルしてできた配布用のソリューションをランタイム（runtime）といいます。このセクションでは、先に配布を前提としたスタンドアローン型のFMPのランタイムについて解説します。次に、配布先にFMPが利用できる場合のパソコンを想定したスタンドアローン型のソリューションの作成方法について解説します。

百ますアプリケーションの製作

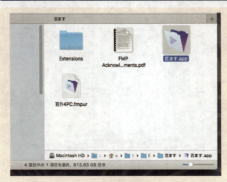

　百ます自体は、岸本裕史先生と陰山英男先生が創始し全国の小学校教育に広まりました。

　スタンドアローンのソリューションとして「百ます」を考えます。乱数発生の練習用の課題として、筆者が作りました。

　百ますは、縦と横の1桁の整数を並べ、升目に沿ってかけ算した値を書くという九九の練習用紙です。FMPを使った百ますは、縦と横の1桁の整数が乱数で作られるので毎回無二の問題が生成されます。そのため、隣同士の問題が違うのでカンニングしにくく、九九のトレーニングとしては手軽に何度でも挑戦してマスターすることができます。

　上図は、「百ます」ソリューションである「百升4PC.fmp12」をAdvancedに読み込んでランタイムバージョンにコンパイルして完成した「百ます」フォルダの中身です。

　ランタイムは、フォルダで配布することになります。

　下図は、「百ます」ソリューションで作った「百ますもんだい」の出力例（pdf出力）です。

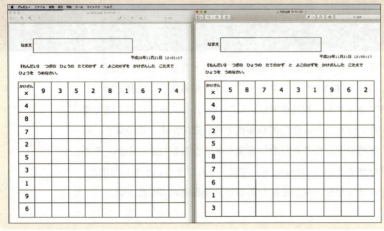

縦横の値がランダムに並んでいる様子を確認してください。

「百升 4PC.fmp12」ソリューションの作成：アルゴリズム

ランタイムを生成できるのは、Advanced のみです。

ランタイムバージョンには制約があります。例えば、スクリプトに PDF に出力する命令を書いても、ソリューションでは稼働しても、ランタイムでは稼働しません。

また、あくまでもランタイムはスタンドアローンで使いますので、ネットワーク用端末ソフトとして使うことはできません。

ランタイムにしたときには制約があることを念頭に、ソリューションを作成してみましょう。

ソリューションを作成するためには、最初にどんな完成形を作ろうとしているか、紙に書いてみることです。このときに注意しなくてはならないことは、出力した百升を誰が使うか、という視点をもつことです。これは、九九を学ぶ小学 2 年生くらいの児童生徒が対象になります。

出力（印刷）で気をつけるべきことは、字を大きく書くようにすることや設問は平仮名で書くこと。名前を書く習慣を付けるよう「なまえ」記入欄が必要なことなどです。

下図のようなイメージができたら、イメージを実現するためのコマを進めます。

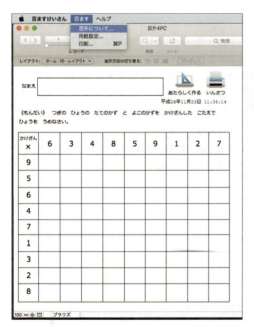

縦横の 1 桁整数を乱数で出すには、どうすべきかアルゴリズムを考えます。

1 つ目の乱数発生で整数が決まったら、いったん保管し、次の乱数生成で比較して同じでなければ保管し、同じだったなら再度乱数を発生させ比較します。この繰り返しを続け最後だけは各変数を合算して、45 から減算すれば最後の値がでます（1 から 9 までの総和が 45 であるため）。これを縦と横で繰り返し、完成したら出力します。

繰り返しフィールドを使ってもできますが、1個 1 個のフィールドに記述しても何かショートカットできるわけではないので、1 個 1 個のフィールドに計算式を書く方法を使います。

今回は解答用紙を印刷することは省略します。

乱数はスクリプトの中で生成します。生成した乱数はスクリプト中の変数に格納し、フィールドはあくまでも変数の出力とするほうが、シンプルな解法です。

主となるレイアウトは 1 枚とし、そこに新規作成ボタンと印刷用のボタンの 2 つを貼付けます。

「百升4PC.fmp12」ソリューションの作成：テーブルとフィールド定義

　配布用のソリューション（ランタイム）を作成するときのルールがいくつかあって、その中でも重要なことは、about画面を作ることです。aboutは、ソリューション制作者、連絡先、サポート方法などを掲載するようFMP社からアナウンスされています。

　aboutは、aboutのためのテーブルを作る必要があります。そのテーブルに1つ以上のフィールドを作っておきます。例ではtodayとして、本日の日付フィールドを用意しました。

　作成用のフィールドは、日付と日付を整数値にしたレコードナンバーを作り、百升を実現するための縦横の数だけ必要になります。

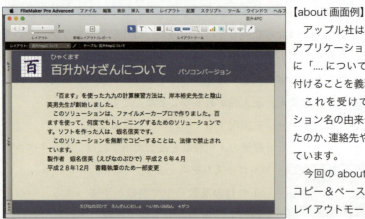

【about画面例】

　アップル社は、MacOS上で稼働するいかなるアプリケーションに対しても、メニューのトップに「....について」というaboutメニューを取り付けることを義務づけました。

　これを受けてFMPのaboutには、ソリューション名の由来や、いつ、だれが、何の目的で作ったのか、連絡先やURLなどを掲載することになっています。

　今回のabout画面では、画面の文章や文言がコピー＆ペーストされないよう、ロックするか、レイアウトモードのインスペクタのデータタブを使って、テキストブロックするようにします。

　画面全体か画面のどこかに、ホームとなる画面（この場合は百升作成画面）に戻るようにしなくてはなりません。

　図では、百のアイコンをクリックするとホームに戻るようにします。

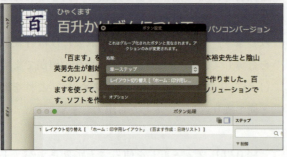

テーブルはabout用の「百升fmpについて」と「百ます作成：日時リスト」の2つとします。

§1 ランタイムの配布

百升作成のフィールドと試してみるためのレイアウトは下記の通りです。

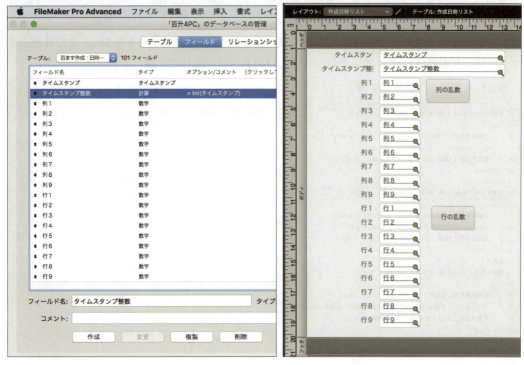

【ホーム画面例】
　印刷イメージをそのままホームとします。2つのボタンと2つのラベルを選択し、インスペクタの位置タブを使って、印刷のとき印字しないアイコンに設定します。

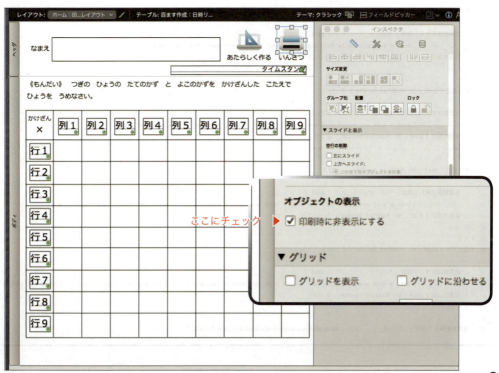

「百升4PC.fmp12」ソリューションの作成：スクリプト

行のスクリプトを作成します。重複がないかどうかのチェックをしながら、重複があったらループして重複がなくなるまで繰り返し、1つ目の変数$no1から8番目の変数$no8まで作成します。最後の9番目は、45から1番目から8番目の和の数を減じて完成します。

列は行を複製して作成し、変数にrを付けて$no1cとし、同様に完成します。

```
1   変数を設定 [ $no1 ; 値: Middle( Random ; 2 ;1) ]
2   Loop
3       計算結果を挿入 [ 選択 ; 作成日時リスト::列1 ; $no1 ]
4       Exit Loop If [ $no1 ≠ 0 ]
5       変数を設定 [ $no1 ; 値: Middle( Random ; 2 ;1) ]
6   End Loop
7   # 列2
8   変数を設定 [ $no2 ; 値: Middle( Random ; 2 ;1) ]
9   Loop
10      計算結果を挿入 [ 選択 ; 作成日時リスト::列2 ; $no2 ]
11      Exit Loop If [ $no1 ≠ $no2 and $no2 ≠ 0 ]
12      変数を設定 [ $no2 ; 値: Middle( Random ; 2 ;1) ]
13  End Loop
14  # 列3
15  変数を設定 [ $no3 ; 値: Middle( Random ; 2 ;1) ]
16  Loop
17      計算結果を挿入 [ 選択 ; 作成日時リスト::列3 ; $no3 ]
18      Exit Loop If [ $no1 ≠ $no3 and $no2≠ $no3  and $no3 ≠ 0 ]
19      変数を設定 [ $no3 ; 値: Middle( Random ; 2 ;1) ]
20  End Loop
21  # 列4
22  変数を設定 [ $no4 ; 値: Middle( Random ; 2 ;1) ]
23  Loop
24      計算結果を挿入 [ 選択 ; 作成日時リスト::列4 ; $no4 ]
25      Exit Loop If [ $no1 ≠ $no4 and $no2≠ $no4 and $no3 ≠ $no4 and $no4 ≠ 0 ]
26      変数を設定 [ $no4 ; 値: Middle( Random ; 2 ;1) ]
27  End Loop
28  # 列5
29  変数を設定 [ $no5 ; 値: Middle( Random ; 2 ;1) ]
30  Loop
31      計算結果を挿入 [ 選択 ; 作成日時リスト::列5 ; $no5 ]
32      Exit Loop If [ $no1 ≠ $no5 and $no2≠ $no5 and $no3 ≠ $no5 and $no4 ≠ $no5  and $no5 ≠ 0 ]
33      変数を設定 [ $no5 ; 値: Middle( Random ; 2 ;1) ]
34  End Loop
35  # 列6
36  変数を設定 [ $no6 ; 値: Middle( Random ; 2 ;1) ]
37  Loop
38      計算結果を挿入 [ 選択 ; 作成日時リスト::列6 ; $no6 ]
39      Exit Loop If [ $no1 ≠ $no6 and $no2≠ $no6 and $no3 ≠ $no6 and $no4 ≠ $no6 and $no5 ≠ $no6 and $no6 ≠ 0 ]
40      変数を設定 [ $no6 ; 値: Middle( Random ; 2 ;1) ]
41  End Loop
42  # 列7
43  変数を設定 [ $no7 ; 値: Middle( Random ; 2 ;1) ]
44  Loop
45      計算結果を挿入 [ 選択 ; 作成日時リスト::列7 ; $no7 ]
46      Exit Loop If [ $no1 ≠ $no7 and $no2≠ $no7 and $no3 ≠ $no7 and $no4 ≠ $no7 and $no5 ≠ $no7 and $no6 ≠ $no7 and $no7 ≠ 0 ]
47      変数を設定 [ $no7 ; 値: Middle( Random ; 2 ;1) ]
48  End Loop
49  # 列8
50  変数を設定 [ $no8 ; 値: Middle( Random ; 2 ;1) ]
51  Loop
52      計算結果を挿入 [ 選択 ; 作成日時リスト::列8 ; $no8 ]
53      Exit Loop If [ $no1 ≠ $no8 and $no2≠ $no8 and $no3 ≠ $no8 and $no4 ≠ $no8 and $no5 ≠ $no8 and $no6 ≠ $no8 and $no7 ≠ $no8 and $no8 ≠ 0 ]
54      変数を設定 [ $no8 ; 値: Middle( Random ; 2 ;1) ]
55  End Loop
56  # 列9
57  計算結果を挿入 [ 選択 ; 作成日時リスト::列9 ; 45-$no8-$no7-$no6-$no5-$no4-$no3-$no2-$no1 ]
```

拡大

```
1  変数を設定 [ $no1 ; 値: Middle( Random ; 2 ;1) ]
2  Loop
3      計算結果を挿入 [ 選択 ; 作成日時リスト::列1 ; $no1 ]
4      Exit Loop If [ $no1 ≠ 0 ]
5      変数を設定 [ $no1 ; 値: Middle( Random ; 2 ;1) ]
6  End Loop
7  # 列2
8  変数を設定 [ $no2 ; 値: Middle( Random ; 2 ;1) ]
```

格納する変数を変えながらLoopからEndLoopまでを同様に繰り返します。

```
1  変数を設定 [ $no1c ; 値: Middle( Random ; 2 ;1) ]
2  Loop
3      計算結果を挿入 [ 選択 ; 作成日時リスト::行1 ; $no1c ]
4      Exit Loop If [ $no1c ≠ 0 ]
5      変数を設定 [ $no1c ; 値: Middle( Random ; 2 ;1) ]
6  End Loop
7  # 列2
8  変数を設定 [ $no2c ; 値: Middle( Random ; 2 ;1) ]
9  Loop
10     計算結果を挿入 [ 選択 ; 作成日時リスト::行2 ; $no2c ]
11     Exit Loop If [ $no1c ≠ $no2c and $no2c ≠ 0 ]
12     変数を設定 [ $no2c ; 値: Middle( Random ; 2 ;1) ]
13 End Loop
14 # 行3
15 変数を設定 [ $no3c ; 値: Middle( Random ; 2 ;1) ]
16 Loop
17     計算結果を挿入 [ 選択 ; 作成日時リスト::行3 ; $no3c ]
18     Exit Loop If [ $no1c ≠ $no3c and $no2c ≠ $no3c  and $no3c ≠ 0 ]
19     変数を設定 [ $no3c ; 値: Middle( Random ; 2 ;1) ]
20 End Loop
21 # 行4
22 変数を設定 [ $no4c ; 値: Middle( Random ; 2 ;1) ]
23 Loop
24     計算結果を挿入 [ 選択 ; 作成日時リスト::行4 ; $no4c ]
25     Exit Loop If [ $no1c ≠ $no4c and $no2c ≠ $no4c and $no3c ≠ $no4c and $no4c ≠ 0 ]
26     変数を設定 [ $no4c ; 値: Middle( Random ; 2 ;1) ]
27 End Loop
28 # 行5
29 変数を設定 [ $no5c ; 値: Middle( Random ; 2 ;1) ]
30 Loop
31     計算結果を挿入 [ 選択 ; 作成日時リスト::行5 ; $no5c ]
32     Exit Loop If [ $no1c ≠ $no5c and $no2c≠ $no5c and $no3c ≠ $no5c and $no4c ≠ $no5c  and $no5c ≠ 0 ]
33     変数を設定 [ $no5c ; 値: Middle( Random ; 2 ;1) ]
34 End Loop
35 # 行6
36 変数を設定 [ $no6c ; 値: Middle( Random ; 2 ;1) ]
37 Loop
38     計算結果を挿入 [ 選択 ; 作成日時リスト::行6 ; $no6c ]
39     Exit Loop If [ $no1c ≠ $no6c and $no2c≠ $no6c and $no3c ≠ $no6c and $no4c ≠ $no6c and $no5c ≠ $no6c and $no6c ≠ 0 ]
40     変数を設定 [ $no6c ; 値: Middle( Random ; 2 ;1) ]
41 End Loop
42 # 行7
43 変数を設定 [ $no7c ; 値: Middle( Random ; 2 ;1) ]
44 Loop
45     計算結果を挿入 [ 選択 ; 作成日時リスト::行7 ; $no7c ]
46     Exit Loop If [ $no1c ≠ $no7c and $no2c≠ $no7c and $no3c ≠ $no7c and $no4c ≠ $no7c and $no5c ≠ $no7c and $no6c ≠ $no7c and $no7c ≠ 0 ]
47     変数を設定 [ $no7c ; 値: Middle( Random ; 2 ;1) ]
48 End Loop
49 # 行8
50 変数を設定 [ $no8c ; 値: Middle( Random ; 2 ;1) ]
51 Loop
52     計算結果を挿入 [ 選択 ; 作成日時リスト::行8 ; $no8c ]
53     Exit Loop If [ $no1c ≠ $no8c and $no2c≠ $no8c and $no3c ≠ $no8c and $no4c ≠ $no8c and $no5c ≠ $no8c and $no6c ≠ $no8c and $no7c ≠ $no8c… ]
54     変数を設定 [ $no8c ; 値: Middle( Random ; 2 ;1) ]
55 End Loop
56 # 行9
57 計算結果を挿入 [ 選択 ; 作成日時リスト::行9 ; 45-$no8c-$no7c-$no6c-$no5c-$no4c-$no3c-$no2c-$no1c ]
```

　それぞれ「行の乱数」ボタンと「列の乱数」ボタンに貼付けて、正しく稼働するか確認してください。

　本来は、スクリプトが同じでも格納するところが違うだけなので、$no1 と$no1c としなくてもいいのですが、練習のために変数を別途に作りました。

ホームで作成した「百ます」をそのまま印刷するよう「単一ステップ」で指定します。

作成スクリプトを作成し、「あたらしく作る」ボタンにペーストします。

スクリプト冒頭の「ウインドウの固定」は、以下のプログラム実行中からスクリプトが終了するまでの間、画面変化を表示させません。その分、処理が早まります。スクリプト名は「作成」としました。

§1 ランタイムの配布

「百升 4PC.fmp12」ソリューションのアイコンを登録する

ファイルメーカープロのソリューションとして「百升 4PC.fmp12」のアイコンを作ります。
アイコンは、64×64 ピクセルか 128×128 ピクセルの正方形とし、png または jpg フォーマットで保存してください。参考例として、下図は、アドビ社のフォトショップ CS4 を使ってアイコンをデザインし、128×128 ピクセルの正方形にしているところです。

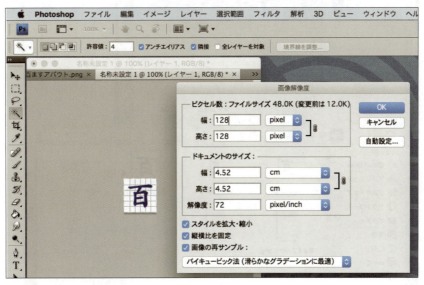

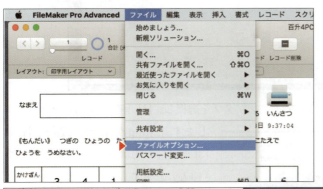

アイコンを完成させて保存したら、「百升 4PC.fmp12」を FMP で起動し、メニューのファイル > ファイルオプション... を選択します。

ファイルオプション画面の「開く」タブにある「表示するレイアウト」の「指定」ボタンを選んで、オープンした時のレイアウトを選択します。

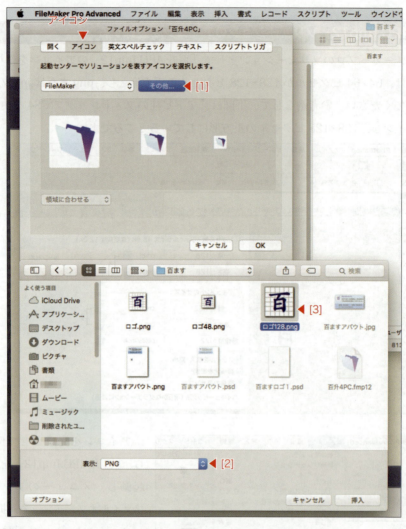

次に、「ファイルオプション」画面の「アイコン」タブを選択し、[1]「その他 ...」をクリックします。[2]pngかjpgかの選択を行い、[3] デザインしたアイコンを選択して「挿入」します。

図のようにできたら完成です。

「開く」と「アイコン」の設定が完了したら、「スクリプトトリガ」タブを選択します。

§1 ランタイムの配布

スクリプトトリガでは、「OnFirstWindowOpen」にチェックを入れ「選択」ボタンでスクリプトリストから「作成」を選び、OKをクリックしてソリューションとして再度起動します。

FMPを起動センターで起動した画面（上図）のように、アイコン表示されたなら完成です。

この段階では、パソコンのOSがMacOS XやWindows10であっても、FMPがインストールされていたなら「百升4PC.fmp12」はソリューションとして稼働します。aboutがないので配布用にはなりませんが、FileMakerGoのソリューションとしては、iPadなどで試すことができます。

247

配布用「百升 4PC.fmp12」のメニューのカスタマイズ

「百升 4PC.fmp12」のメニューを図のようにカスタマイズします。

メニュー ＞ 百ます ＞ 百升について... を選択したら、about 画面が表示されて、about 画面の百ますアイコンをクリックしたら、再び図のようなホームに戻るようにします。

メニューをカスタマイズするための手順は、カスタマイズメニューを作り、名前を付けて登録します。

次に、登録したカスタマイズメニューセットから登録したメニューを選択します。

具体的な手順を見ることにします。

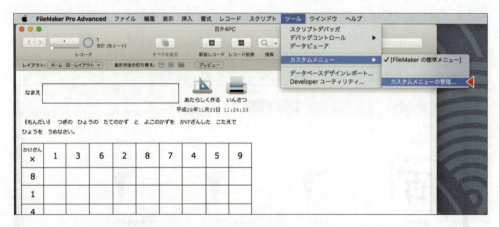

メニューを変更したいソリューション「百升 4PC.fmp12」を FMP advanced で開きます。

メニュー＞ツール＞カスタムメニュー▶カスタムメニューの管理... を選択します。

「カスタムメニュー」タブをクリックします。初めてメニューを作る場合は、図のように空っぽです。

「作成」ボタンをクリックします。

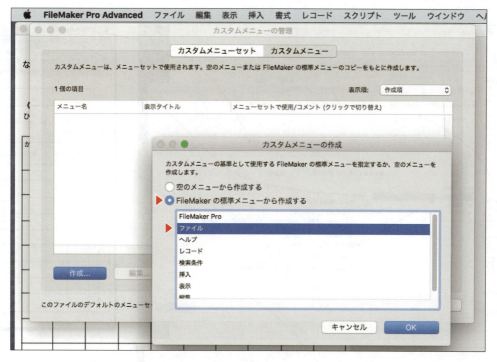

メニューは何に基づいて作るか聞いてきます。それが上図の画面です。今回は FMP が表示している「ファイル」メニューを基にして作ることにします。

OK をクリックすると下記のような図になります。これを編集して作ります。

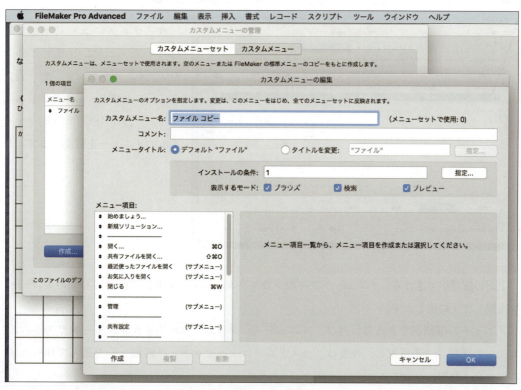

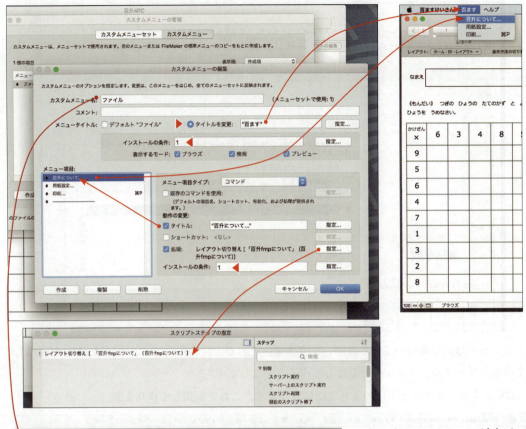

カスタムメニューに追加されていたら、「このファイルの .... メニューセット」を「百ます」に変更し、OK をクリックして、「百升 4PC.fmp12」ファイルのメニューを確認します。

上記の確認ができたら、メニュー＞ツール＞カスタムメニュー▶ FileMaker の標準のメニューを選択して元に戻します。

メニューの確認ができたら、再び、メニュー ＞ ツール ＞ カスタムメニュー▶カスタムメニューの管理 ... を選択し、今度は「カスタムメニューセット」、「編集 ...」を選んで作ったメニューを「追加」します。

§1 ランタイムの配布

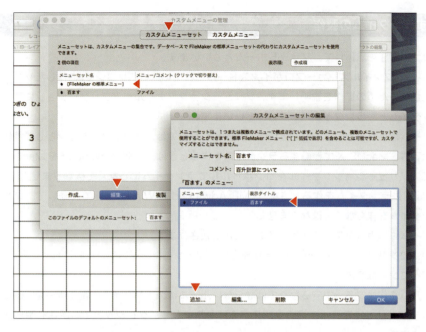

　スタンドアローンで利用する FMP のソリューションを、Advanced を使ってメニューをカスタマイズすると、配布用にスクリプトやレイアウトなどを隠すことができます。また、MacOSや Windows に関係なく FMP が稼働する環境であるなら、ファイルとしてパソコン本体にコピーし、FMP のソリューションとして起動させることができます。

　その場合、about を義務づけている MacOS のメニューと Windows のメニューとには、多少の違いができます。

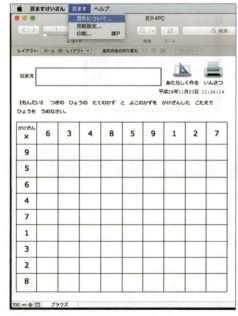

MacOS X での起動画面

Windows10 での起動画面

第4章　共有と配布

251

百ますランタイムの製作

パソコンの OS を総称して、プラットホームともいいます。

ここからは、ファイルメーカープロがインストールされていないパソコンで、自作したソリューションを稼働させるための操作を説明します。ソリューションファイルをアプリケーションに変換したものをランタイムとかランタイムバージョンといいます。

ランタイムは、プラットホームごとにコンパイルしなくては、アプリケーションとして稼働しません。すなわち、MacOS X で稼働するランタイムを作るときは、FMP Advanced を MacOS X 上で稼働して、ソリューションファイルをコンパイルしてランタイムにしなくてはなりません。同様に、Windows 用にランタイムを作るときは、FMP Advanced を Windows 上で起動して、コンパイルしてランタイムを作らなくてはなりません。

ランタイムにはカスタマイズされたメニューが反映されます。

ただし、コンパイルしても 百 のような独自にデザインしたアイコンは反映されず、FMP 側が用意したアイコンになります。

ランタイムを作成する上で守らなくてはならないルールは、ランタイムの責任所在を明確にすることにあります。about を作ってアナウンスするばかりでなく、クレジットでも所在を明らかにすることができます。

MacOS X と Windows10 に共通にクレジットを準備してみましょう。そのための手続きは以下の通りです。

1. カスタマイズした about 付きのメニューで稼働するファイルであること。
2. 強制ではないが、382×175 ピクセルのクレジットファイルを用意すること。
    （画像のフォーマットは、jpg または GIF でなければなりません。MacOS は jpg のみ。）
3. データベースからの完全アクセス権の削除を確認してください。

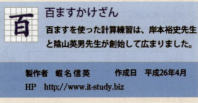
クレジットの例

クレジットを用意しなかった時の FMP のクレジット

「百升 4PC.fmp12」のランタイム作成

【ウインドウズ・ランタイムの完成版例】

コンパイルが成功すると、フォルダに .dll ファイルと一緒に .exe ファイルができます。図は、フォルダの一部です。「百ます計算 .exe」がアプリケーションです。「百ます計算 .exe」を起動すると「百升 4PC.fmpur」ファイルが同時に解読されます。

配布には、.dll などの多くのファイルを生成します。フォルダに包摂することを念頭に置く必要があります。

§1 ランタイムの配布

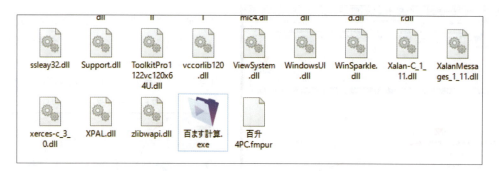

【MacOS・ランタイムの完成版例】

コンパイルが成功すると、フォルダに Extensions フォルダと説明の pdf、百ます .app ファイル（アプリケーション）と「百升 4PC.fmpur」ファイルができます。

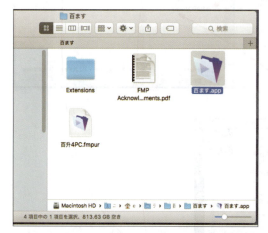

FMP を起動したまま、あるいはコンパイルしたファイルを W クリックそたなら上図のようなエラーが出ます。

「百升 4PC.fmp12」のランタイム作成の手順

プログラムファイル（FMP のファイルのこと）を、アプリケーションに変換することを「コンパイル」ということは、このセクションの冒頭に書きました。アプリケーションに変換すると、MacOS では .app、Windows では .exe という拡張子を持ったファイルになります。

コンパイルしてできた app ファイルとフォルダを **ランタイム** といいます。

ランタイムつまりコンパイルという作業が初めての方は、失敗することを覚悟することです。何度もトライして初めて思い通りのアプリケーションができます。

FMP Advanced のみを起動して、メニュー ＞ ツール ＞ Developer ユーティリティ... を選択します。

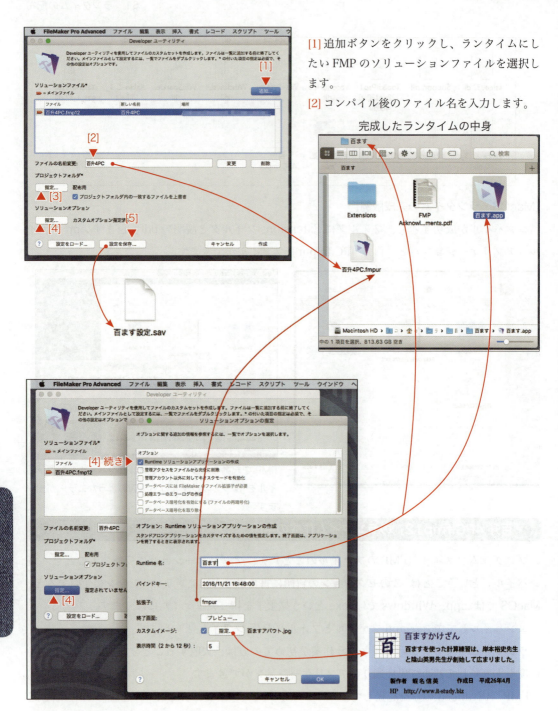

[1] 追加ボタンをクリックし、ランタイムにしたい FMP のソリューションファイルを選択します。

[2] コンパイル後のファイル名を入力します。

完成したランタイムの中身

[3]「プロジェクトフォルダ」の「指定」をクリックし、コンパイル後の保管先を指定します。

[4]「ソリューションオプション」の「指定」をクリックして、Runtime にチェックし、各種の項目に入力します。

[5] 設定を保存します。

[6]「作成」ボタンをクリックしコンパイルを始めます。

ドクターズからの補足説明

パソコンが、FMPのスクリプトやExcelの数式のようなプログラムを実行するときは、1行1行解読してパソコンが解読できるプログラムを実行します。これをインタプリタ型実行といいます。プログラムの途中で解読できない行が出てきたら、エラーとしてストップします。コメント文は無視して解読しません。

ランタイムを作る場合は、記述してあるプログラムばかりでなく、プログラムに関係するレイアウト画面、スクリプト、データのすべてを1つのファイルにまとめて、機械語に変換します。機械語というのは、コンピュータにしか解読できない記号にすることをいいます。機械語に変換することをコンパイルといいますが、変換するソフトウェアのことをコンパイラといいます。

Dr. チューリング曰く

FMPのAdvancedではコンパイラとは言わずユーティリティといっています。

いったんコンパイルしたランタイムは、FMPとは別物なので、FMPで作っていてもFMPで実行することはできません。

コンパイルする前のファイル類をソースといいます。

プログラマにとってソースは最も重要な資産です。コンパイルできた時の設定や環境も重要です。パソコンが故障したり環境が変わっても、コンパイルして再現できるように保管するのがプログラマの常識です。

また、ソースはスクリプトを含めプログラマの財産ですから、財産を守るようにして配布する必要があります。コンパイルは、そのうちの一つです。

ソリューションをコンパイルをして配布するのにはもう一つ理由があります。それはウイルス対策です。

できれば一生お目にかからないほうがいいものの一つに、パソコンウイルスがあります。ウイルスは昔ビールスといいました。ウイルスにもいろいろ種類があります。ウイルス以外に、アッタクという妨害ソフトもあります。

これらのほとんどは、インターネットを通じて侵入してきます。でもインターネットは情報源としてもコミュニケーションツールとしても圧倒的なので、選別は難しいです。

インターネットばかりでなくUSBメモリや各種メモリの中に付着して、ファイルコピー中に侵入することがあります。

ネットワークをしているパソコンにウイルスが侵入すると、とても厄介なことになります。

パソコンを仕事で使う場合、プログラマが経営者から聞かれるのはシステムよりもウイルスについての対策です。

業務をFMPで行う利点は、ウイルス対策も含まれます。FMPからデータを抜き出すためには抜き出す側にもFMPが必要になります。つまり、FMPを持っていないとデータを読み取ることができない、ということでワンランクアップ防御が高まります。

次に、ファイルにアカウントとパスワードをかけるのが簡単だ、というのも防御です。

ハードウェア側の対策として、業務用のLANとインターネット環境を切り離して別々に使うのが確実です。

多くのネット犯罪に立ち会ってわかることは、やる気で犯罪を犯そうとする人を見抜くことが経営者の力量です。犯罪をさせない環境を作ることも大切ですが、人は悪いことをする生き物であるという前提で社内ルールを構築することが肝要です。

少人数の会社でも、犯罪を起こしたら、当人にどんなダメージがあるかを定期的に勉強する必要があります。弁護士費用を出して、専門の先生に講義してもらうのもいいでしょう。

§ 2　FileMaker Go

　パソコン用のFMPソリューション・ファイルをiPadなどの端末で使うには、あらかじめiPadやiPhoneなどの端末（実機ともいいます）にFileMaker Goのappをダウンロードしてインストールしておく必要があります。

　また、パソコン側では、アップル社から提供されているiTunesをインストールして使えるようにする必要があります。

　FMPソリューション・ファイルをFileMaker Goで起動すると、パソコンのようなメニューバーとステータスエリアがない状態（第3章で説明したキオスクモードともいいます）で稼働する、というイメージをもってください。また、aboutは義務づけられていませんが、ボタンなどでアナウンスできるようにした方がいいでしょう。

FMPソリューションをiPadにダウンロードする

　iPadのOSを最新のものにバージョンを揃え、パソコンのiTunesソフトウェアも同様に最新の状態にします。

　iPadとパソコンをUSBで接続し、パソコン側のiTunesを起動してiPadとの通信を行います。下図はWindows10でiTunesを起動し、iPadとパソコンを接続した図です。

　下図のようにiPadの概要が表示されたら、アイコンメニューのappを選択します。

§2 ファイルメーカー Go

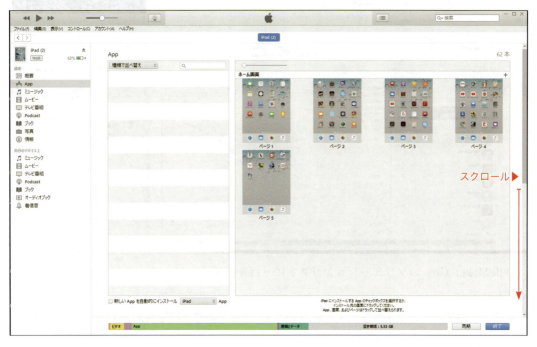

app の画面が表示されたら、スクロールして下図のように「ファイル共有」のリスト画面が表示されるようにします。

その中からから「FileMaker Go」を選択します。

すると、下図のように「FileMaker Go」のソリューションリストが表示されます。

iTunes の画面を小さくするか移動するかして、「百升 4PC.fmp12」ソリューションファイルが見えるウインドウと重ねます。

257

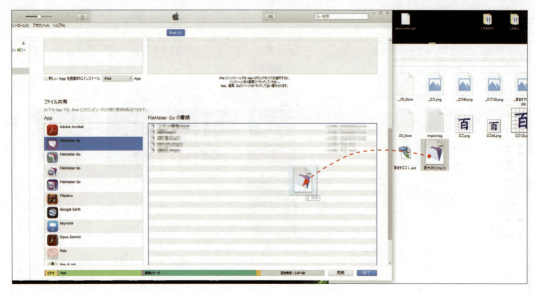

「FileMaker Go」のソリューションリストに「百升 4PC.fmp12」をドラッグ＆ドロップして追加します。

リストに追加が確認できたら、iTunes を終了し iPad に操作を切り替えます。

FileMaker Go で試してみる

【iPad を起動したときの画面例】
FileMaker Go のアイコンをタップします。

【iPad に登録した FileMaker Go のソリューション】
百升のデザインしたアイコンが反映されています。これをタップします。

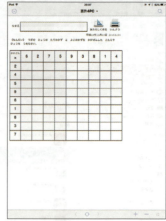

【百升の画面が表示されます】
パソコン用に作ったものなので、画面サイズが縮小されてしまいました。iPad がエアーなどで接続されている場合は、印刷できます。

§2 ファイルメーカー Go

【印刷設定画面】
パソコン同様に印刷設定ができます。

【印刷画面】
プリンタを選択して印刷します。

【about 画面】
備え付けのボタンをタップしてレイアウトを切り替えたら、about 画面が表示されます。最終的には、ボタンにした方がいいでしょう。

ドクターズからの補足説明

　FileMaker Go 向けのスクリプトを紹介しましょう。
　１つは、モバイル関数です。現在は、iPad と iPhone 内部の GPS とつながって、位置情報を取得する関数しかありませんが、今後はもっと増えるかもしれません。
　位置情報を取得する関数をパソコンで使うことはできません。
　下図は、某大手電気会社から太陽光パネルの計算を、iPad で行う FMP アプリの依頼があったものです。

Dr. ノイマン曰く

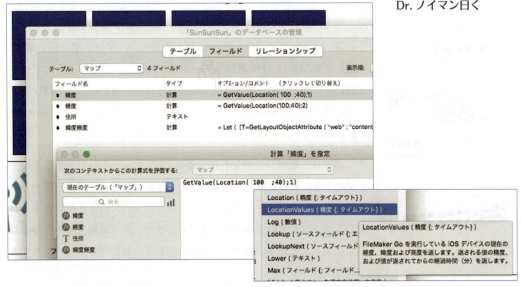

§3　クライアントサーバーの構築法

FMPを使うためのパソコンどうしの接続方法を解説します。

　3台以上のパソコンをLANケーブル（カテゴリー6、Etherイーサケーブルともいいます）で接続するためには、ハブをターミナルにして、ストレート・ケーブルで接続する方法が一般的です。

　ケーブルのように目に見える方法でLANを構築するときは有線といい、WiFi（ワイファイ）などのアンテナを使った接続を無線といいます。

　この他にもサンダーボルトやUSB接続など多々あります。このセクションでは、信頼度が高いスタンダードな方法として、LANケーブル（ストレートケーブル）とハブを使ったクライアントサーバーとFMPの共有について解説します。クライアントサーバーは、クライアント（Client）と（and）サーバー（server）を日本語で書いたものを指します。

物理的な接続

　一般的なLANケーブルの口は、両端がオスになっています。イメージとして理解しておかなくてはならないことは、中の1本1本のケーブルには色がついていて、ストレートになっているということです。比較のために、見た目は同じクロスケーブルと並べます。

　パソコンに、LANケーブルの差し込み口がない場合は、LANボードを取り付けるか、USBとLANを変換するアダプタを使って接続します。

【クロスケーブル】
　ケーブルにXのシールが貼られて見分けがつくようにしているものがあります。
　2台のパソコンをこのケーブルだけで接続してLANができます。
　クロスケーブルとクロスケーブルをアダプタでつなぎ合わせるとストレートになります。

【ストレートケーブル】
　順にケーブルの配色が同じか確認して使います。接続には、ハブが必要です。このケーブルだけでのパソコン同士の接続はできません。

　図はパソコンの背面です。たいていはパソコン本体の背面や正面にUSBやLANなどの差し込み口があります。パソコン側のEtherの差し込み口には、HP社は 品 アップル社は ⟨‥⟩ のように記号が付いています。昨日まで何でもなかったのに、今日になってパソコンの調子やネットが変だという時は、ソフトのOSよりもEtherの接続が原因です。必ず確かめて対処してください。

　ハブは、電気コンセントのようにLANケーブルの口を差し込んで使います。差し込み口のことをポートといいます。図は16ポートハブです。基本的に、ハブはストレートケーブルに対応しています。クロスケーブルでの接続はできません。また、ハブは電気を入れっぱなしにすることが多いので、故障したりリセットが必要になったりすることがあります。

§3 クライアントサーバーの構築法

3台以上のLAN接続：有線ストレートケーブル + ハブ

　Windows10のパソコンを1台、MacOS Xのパソコンを2台と1台のハブを使ってLANを構築することを想定します。

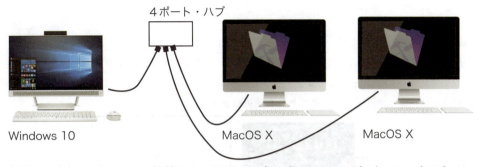

　上図のように、パソコンに接続したLENケーブル（Etherケーブル）がハブのポートに差し込んだら準備完了です。

　接続で注意しなくてはならないことは、ケーブルがすべてストレートであること。差し込み口に「カッチ」というまで正しく接続されていること。1本のケーブルの長さが50m以内であること。ハブに電源が供給されオンになっていることなどです。

3台以上のLAN接続：IPの設定

　物理的な接続が完了したら、3台のパソコンが通信できるように設定します。

　パソコン同士を接続するためには、同じ仲間（グループ）であることをOSに設定しなくてはなりません。パソコン自身は意志をもっているわけではないので、仲間にするか仲間にしないかという判断は人が行ないます。その設定の方法にはいくつかあって、IPを使う方法もその一つです。

　IPを使ってグループ化する方法をIPアドレス方式といいます。一般には、IPアドレスを設定するときはv4といって4つのグループ数（整数値）を使って設定します。例えば、192.168.0.1というように、整数と整数の間に．を置いて作ります。

　それぞれ、0から255までの整数の組み合わせで勝手に作ることができます。

　例えば、1.1.1.5とか10.10.20.55でも何でもいいのです。192.168.で始まる2つの整数は、プライベートアドレスと呼ばれている番号ですが、192.168.にこだわる必要はありません。

【IPアドレスの設定方法】

　3台のパソコンにIPを設定する前に、グループ化するための体系を考える必要があります。

　192.168.で始めた場合、次の整数が、1とすると192.168.1.Xとなり、3台のパソコンのネットワークは、1の体系のグループにすることを意味します。Xは0から255までの整数を入れることができるので、最大266台までの接続ができる計算になります。

実際には、192.168.1.Xでグループ化したら、、192.168.1.1をパソコンのIPにはせず、192.168.1.1はインターネット用のルーターのIPに使うのが普通です。

　本書に限っての例として、192.168.3.Xを系として1台のWindows10のパソコンを、192.168.3.10に、2台のMacOS Xのパソコンを192.168.3.2と192.168.3.3に設定することにします。

【Windows10のIP設定】
　マシーンのOSがWindows10の場合は、[1]画面左下のロゴアイコンにマウスカーソルを合わせ、右クリックして短冊状のメニューをポップアップします。[2]その中の「コントロールパネル」を選択して[3]の「ネットワークとインターネット」を選択します。

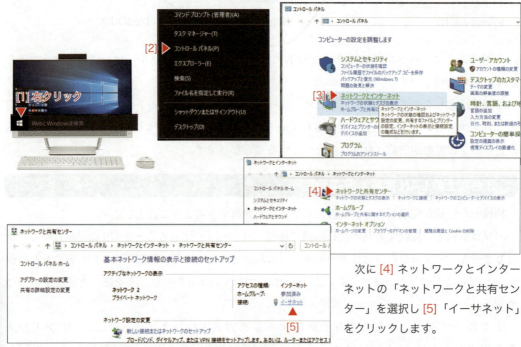

次に[4]ネットワークとインターネットの「ネットワークと共有センター」を選択し[5]「イーサネット」をクリックします。

　すると、図のような「イーサネットの状態」画面が出ます。

　この画面の「詳細」ボタンをクリックすると、このパソコンが現在どのような接続IPをしているかがわかります。

　IPを設定するためには、[6]「プロパティ」ボタンをクリックします。

§3 クライアントサーバーの構築法

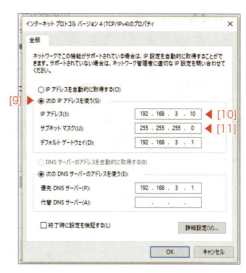

　イーサネット（LAN ケーブル）で通信できる信号（プロトコルともいいます）の種類がリストになっています。その中の [7]「インターネット プロトコル バージョン 4」を選択し、[8]「プロパティ」をクリックします。[9]「次の IP アドレスを使う」を選んで、[10]「IP アドレス」に 192.168.3.10 と入力します。3 は 03 でも間違いではありません。

　[11]「サブネットマスク」のアドレスが自動的に表示されます。

　他のデフォルトゲートウェイと DNS は、ルーターやサーバーのアドレスになりますが、この場合は入れなくても問題ありません。

　OK をクリックして、オープンしているウインドウを閉じ終了します。これで、Windows10 の設定が終了になります。

【MacOS X の IP 設定】

　システム環境設定を選択し、ネットワークアイコンをクリックします。

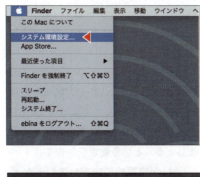

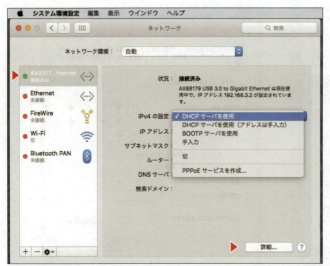

アクティブになっているEthernet（緑色のボタン）を選択し、「IPv4の設定」から「DHCPサーバーを使用」を選択したら、自動で192.168.3.Xのアドレスを作ります。手入力で入れることもできます。

「詳細」ボタンをクリックして、下図のように「TCP/IP」タブから、IPアドレスを入力しても同じ結果になります。

192.168.3.2のiMac設定が終わったら、もう一台のiMacを192.168.3.3に設定して、LANを完成します。

DHCPサーバーというのは、OSの通信プログラムの一つで、IPアドレスの設定を手入力ではなくDHCPサーバーがLANのIPを自動的に決めましょう、という働きをします。

LANが物理的に完成しているかどうかを確認するためには、pingコマンドを使って確認します。

§3 クライアントサーバーの構築法

　LAN 接続したパソコンが、通信可能状態かどうかを確認するためには、Windows10 では「コマンドプロンプト」を使い、MacOS は「ターミナル」を使います。

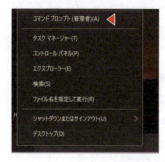

　　　　　　　　　　　　Windows10 で LAN 接続を確認するときは、画面左下のアイコンにマウスカーソルを合わせ、右クリックして「コマンドプロンプト（管理者）」を選択し「コマンドプロンプト（管理者）」を起動します。
　　　　　　　　　　　　＞のプロンプトの後に、英数文字で ping 192.168.3.2 と入力し Enter キーを押します。正常に通信できる状態であれば、下図のように送受信できたことを示す結果が示されます。
　　　　　　　　　　　　同様に LAN 上にあるパソコンの IP アドレス1つ1つを、ping 192.168.3.X として入力して反応を確かめます。

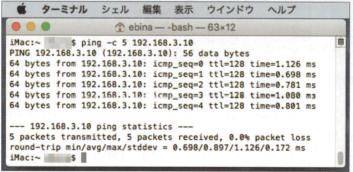

　MacOS X で LAN 接続を確認するときは、アプリケーションの中にある「ユーティリティフォルダ」の「ターミナル」を起動します。

　「ターミナル」が起動したら、上図のように ping 192.168.3.10 と入力するか、回数を決めて、例えば5回なら ping -c 5 192.168.3.10 と入力しても確認できます。回数を入れずに ping すると、ターミナルを終了するまで ping コマンドを続けてしまいます。その場合は、⌘ピリオドを押して ping を終了することができます。

FMP クライアントサーバーの実現

FMP のクライアントサーバーは、基本的に TCP/IP アドレスを使って実現します。

3台のパソコンのうち1台がサーバーとなって、残り2台とサーバーのパソコンの合計3台がソリューションを同時に使うことができます。サーバーとなっているパソコンが、クライアントとしても使うことができるので、**クライアントサーバー**と呼ばれています。FMP のクライアントサーバー方式は、別名ピアツーピア方式（P2P または peer to peer）ともいい、ネットワークの通信方法がサーバーと違って対等であることを指してそういいます。

クライアントサーバーを実現する条件は、一般に数台のパソコンにライセンスが異なるシリアルで稼働していなくてはなりません。ボリュームライセンスの場合は、許可されたライセンスの数台でピアツーピアを実現します。FMP のカタログによれば、1つのソリューションに対して5台までがクライアントサーバーを実現します。それ以上のクライアントサーバーは、最大台数をオーバーしているという警告とともに、FMP がダウンするようになっています。

また、ピアツーピア方式でソリューションを起動しているパソコンが、何らかの理由で途中でシャットダウンしてしまうと、残りの2台のパソコンでオープンしていたソリューションも中断してしまう、という欠点をもっています。

実際のクライアントサーバーを見ることにします。

物理的な TCP/IP 接続が実現した3台のパソコンのうち、192.168.3.10 のパソコンが FMP のソリューションをピアツーピアで許可するには、許可するソリューションを起動します。

今回は、ルックアップの練習で作った「FMP ルックアップ.fmp12」を共有してみます。

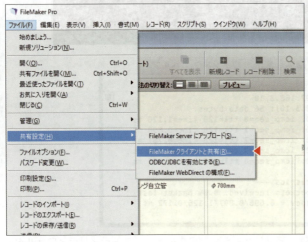

IP192.168.3.10 の Windows10 のパソコンがクライアントサーバーの役割を果たします。

そのためには、「FMP ルックアップ.fmp12」をオープンして、メニューファイルからファイルオプションのアカウントとパスワードをメモします。英数小文字大文字の判断があるので、正確にメモしておく必要があります。

IP192.168.3.10のパソコンで「FMPルックアップ.fmp12」を稼働し、メニュー ＞ ファイル ＞ 共有設定▶ FileMaker クライアントと共有... を選択します。

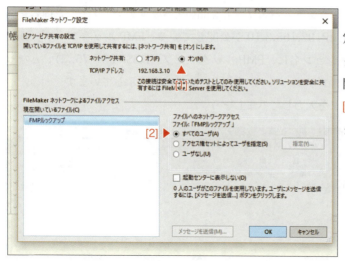

「FileMaker ネットワークの設定」画面が出たら [1]「ネットワーク共有」をオンにし、IP と現在開いているファイルを確認して、[2]「すべてのユーザー」にチェックを入れます。

　これで 192.168.3.10 の Windows10 のパソコンがソリューション「FMP ルックアップ.fmp12」を FMP で稼働している間は、残り 4 台までのパソコンに接続されても、同時にこのソリューションが稼働します。

　同時に稼働するという意味は、自分のパソコンのソフトのように使うことができることを意味します。もしも、同時に同じファイルの同じフィールドをたまたま書き換えたとしたなら、FMP では先に入力したユーザーを優先することになっています。

　ソリューション「FMP ルックアップ.fmp12」を公開している 192.168.3.10 のパソコンは、他のパソコンが「FMP ルックアップ.fmp12」を使っていることを意識せずに、通常通りに使うことができます。

　次に、クライアントであるパソコンで、公開されている「FMP ルックアップ.fmp12」をオープンする方法を見ることにします。

　　IP192.168.3.2 の iMac で FMP を稼働させ、IP192.168.3.10 が公開している「FMP ルックアップ」を見ます。FMP を起動して、起動センターの「ホスト」タブをクリックします。すると下図のように公開されている「FMP ルックアップ」のアイコンを見つけることができるでしょう。

これを選択して起動すると、アカウントとパスワードを聞いてきますので、メモした内容を間違うことなく入力します。すると IP192.168.3.10 が公開している「FMP ルックアップ」画面を見ることができます。ソリューション名に「FMP ルックアップ（DESKTOP-75....）」となっているところがミソです。クライアントサーバーが実現していることを示しています。

　新規レコードを追加して、データを入力してみましょう。

　上図は、iMac（192.168.3.2）で入力したものを、Windows10（192.168.3.10）で開いている図です。1つのソリューションを同時に操作するということは、1つしかない伝票を、接続したパソコンで各々見たり、伝票を発行できることをイメージできます。

　サーバーになっている Windows10（192.168.3.10）が、共有しているソリューションを閉じようとすると図のようなメッセージが表示されます。

§3 クライアントサーバーの構築法

クライアントサーバー型は、次のセクションで紹介するLANサーバーから見ると不安定なネットワークです。

クライアントサーバー型にしろLANサーバー型にしろ、ハードウェアである物理的なネットワークは有線を使ったLANでシステムを構築することと、TCP/IPを使うのでIPを書き込む方法に精通しておく必要があります。

ドクターズからの補足説明

プログラマの守備範囲は、システムが稼働するまでのすべてです。

LANを構築するときは、ケーブルの玉付けをするのもプログラマの範疇です。

ケーブルのモジュラープラグ装着（通称「玉付け」）は日ごろから訓練し、苦手意識をなくしましょう。

ケーブルの玉付けに必要な工具は写真の通りです。

Dr. バベッジ曰く

ハサミのような工具は「モジュラー圧着工具」といいます。

ケーブルの両端につける透明な端子を「モジュラープラグ」といいます。

ケーブルの種類によって、いろいろな圧着方法があり工具も豊富にあります。

モジュラープラグが正しく装着されて、LANケーブルとして機能するかどうかをテストするのが「LANチェッカー」です。たいていは電池を内蔵させ通電によってケーブルがストレートに送電されるかどうか、電気を順に送ります。

第4章 共有と配布

§4　LANサーバー

クライアントサーバーがわからなければ、LANサーバーの優位性は理解できません。

サーバーを導入するということは、サーバーのための費用が余計にかかることを意味します。

クライアントサーバー型でFMPを利用してきた環境とサーバーを活用する環境とを比較すると、サーバーの方がシステムに対する安心度が向上します。この安心度に見合う費用なのかどうかが、サーバーを導入するか否かの分岐点になります。

このセクションは、これからサーバーにしようか迷っているユーザーとプログラマのために書きます。すでにサーバーを利用しているユーザーは、確認だけになるでしょう。

【サーバーの役割】

Windows2000サーバーやMacOSサーバーのように、サーバーOSが組み込まれたマシーンのサーバーとFMPサーバーとでは何が違うかをLANに限って説明します。

FMPソリューションを一定の時間になったら起動して、一定の時間になったらバックアップを取って自動的に終了したい場合は、Windows2000サーバーやMacOSサーバーが必要です。FMPサーバーだけで、マシーンの起動はできません。マシーンの起動は、起動とシャットダウンを支配するスケジュール管理が必要になります。

多くの誤解の中で、サーバー用のマシーンは高速なので、サーバー用のマシーンを使って仕事をすればさぞ高速であろう、と考えるのは早計です。Windows2000サーバーやMacOSサーバー上で稼働するアプリケーションは限られています。サーバーは、ネットワークの回線速度を少しでも落とさないようにできていますが、アプリケーションの処理速度を上げることを目標とはしていません。

一方、FMPサーバーは、マシーンの電源の入り切りを司ることはできないサーバーです。しかも、FMPサーバーには、FMPの機能はありません。FMPとFMPサーバーは別物なので、FMPサーバーを使ってソリューションを作ることはできません。従ってFMPサーバーを起動して、ソリューションのスクリプトを手直しすることはできませんし、ソリューションの新規レコードもFMPサーバーではできません。FMPサーバーの役割は、FMPサーバーに登録してネット公開しているソリューションは、基本的にFMPがインストールされているパソコンであるなら、どのパソコンからでも操作ができるということです。

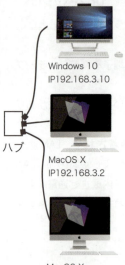

Windows 10
IP192.168.3.10

ハブ

MacOS X
IP192.168.3.2

MacOS X
IP192.168.3.3

クライアントサーバー

クライアント

クライアント

§4　LANサーバー

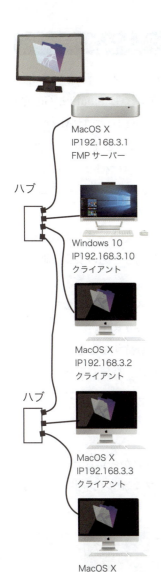

　図は Mac mini を FMP サーバーにして、ソリューションを登録し、FMP サーバーを起動しているイメージになります。FMP サーバーとなっている Mac mini に FMP がインストールされている必要はありません。

　他のマシーンは、LAN 上に TCP/IP で接続されていて、ライセンスが衝突しない FMP がインストールされているというイメージです。

　Mac mini の FMP サーバーが終了しない限り、他のマシーンでソリューションを使うことができます（クライアントや端末ともいいます）。

　FMP サーバーには他にもいろいろな機能がありますが、主だった仕事はこれだけです。

　FMP サーバーを導入してインターネット回線を使えば、いろいろなことができますが、これに伴ってリスクも高まります。この章では、あくまでも LAN サーバーとしての FMP サーバーについて限定して解説します。

【FMP サーバーの導入方法】

　図のような LAN 構成が完了している状態で、FMP サーバーを導入するのが安全です。FMP サーバーは購入前に無料評価版としてインストールできるので、無料評価版を使って共有したいソリューションを登録し、稼働してみて問題がないようだったら、FMP サーバーを購入してライセンスナンバーを入力し導入を成功させる、というのが理想的です。

　現実的には、導入やインストール、ソリューションの登録作業を業者任せにせず、経営者が責任をもって立ち合い、不正がないように監視体制の中でインストールしてもらうか、もしくは経営者自身がインストールするなど運用面での対策をとる必要があります。

　パスワードの変更方法だけは、経営者は責任をもつべきです。

　業者に依頼して導入が成功しても、社員が退職するというケースを想定して、業者の設定が終了したらパスワードだけは変更しておく必要があります。社員が退職したら必ずパスワードを変更しておくことを忘れないように現場を見てきた我々プログラマは、警告します。

FMP サーバーにソリューションを登録する

パソコンに FMP サーバーがインストールされると、MacOS では Safari と Google Chrome を、Windows10 では Microsoft Edge と Google Chrome を窓口に稼働します。web ソフトをフロントエンドにして URL を入力すれば図のようなオープニングの画面が起動します。

FMP サーバーをインストールした後、web ファイルが生成されるので、これを W クリックしたら web ソフトが起動して図のような画面になります。

名前とパスワードを入力して「ログイン」します。このとき名前とパスワードを失念すると厄介なことになるので、インストールの時は必ずメモをとっておく必要があります。

ソリューションを登録の時も同じです。ソリューションをサーバーに登録するときは、アカウントとパスワードのメモを取るなどして失念しないようにします。同時に、登録しようとするソリューションは別途外付けの HDD などに保管し、登録するためのソリューション（アップロードするソリューション）とは別に管理します。

FMP サーバーが起動したら、起動したままにします。

次に、登録したいソリューションを FMP が起動する LAN 上のパソコンから立ち上げます。

登録したいソリューションが起動したら、FMP のメニュー ＞ ファイル ＞ 共有設定▶ FileMaker Server にアップロード ... を選択します。

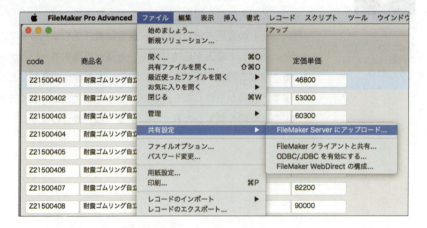

基本的には、FMP サーバーに接続されていて FMP が起動するパソコンであるなら、ソリューションをサーバーにアップすることは可能です。

アップロードが始めると、パスワード設定とどこの FMP サーバーに登録するか聞いてきます。

§4 LANサーバー

パスワードの設定は、このソリューションに対してのものです。

「セキュリティアラート」画面の「パスワードの設定」もしくは「無視」をクリックした後、下図のように接続されているサーバーを選択するように聞いてきます。「ローカルホスト」とし、サーバーがあるマシーンが特定されたら、名前とパスワードを入力します。入力を確認したら「次へ」で登録が完了します。

登録がうまくいくと下図のようにFMPサーバーでは、「アクティビティ」に正常として登録が完了します。

登録したソリューションが利用できるかどうか、早速、他のマシーンで確認してみましょう。

クライアントからの確認

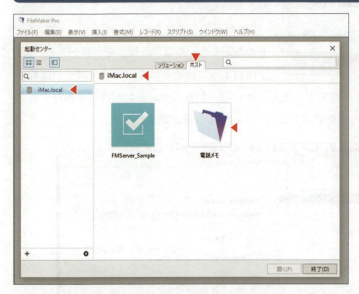

クライアントのパソコンからFMPを起動し、メニューのファイル＞共有ファイルを開く…で「起動センター」の「ホスト」タブを選ぶなどして起動センターを呼び出し、クライアントサーバーの時と同じく、アップされているソリューションを開きます。

アップしたファイルはどこにあるかの確認

FMPサーバーの画面を見ると、登録したソリューションはコピーされてデータベースサーバーのフォルダに格納されていることがわかります。

当然、バックアップの場所と時刻を指定しておけば、FMPサーバーが起動している間は、自動でバックアップをします。

パソコンそのもののデータバックアップは、MacOSの場合は、タイムマシーンというアプリケーションを使うか、MacOS Xサーバーを使う方法があります。

また、データベースフォルダにダイレクトに保管することで、ソリューションを実行させることもできます。今回は、ソリューションを登録チェックしてから、閲覧する方法を紹介しました。

§4 LAN サーバー

FMP server ver15 で、できることできないこと

Q 在庫管理や受注管理のようなソリューションを作って、外回りして外から在庫確認や注文を取るためには、iPad や iPhone の FileMaker Go でできないか。

A FMP のファイルを FileMaker Go に登録して app として使う場合は、ほぼ不可能です。理由は、app からのデータをテキストに出力したり本体の FMP にエクスポートできないからです。どうしてもという場合は、固定 IP と FMP サーバーを使って FMP ソリューションをホストとして公開し、インターネットを使ってホスト間通信を iPad や iPhone の FileMaker Go で利用できるようにするか、端末パソコンに FMP をインストールしてインターネット通信を行うことで実現します。

また、FMP サーバーでは FileMaker Database Server Website 仕様に作り直し、web として公開する方法もあります。web を使うことができる端末であるなら、ソリューションを web として開いてデータを共有化することができます。

ただし、DB を遠隔操作することに変わりがないので、伴うリスクも増大するので万全な対策が必要です。現実には、経営者が出張先でどうしても見なくてはならないときだけ、固定 IP を使って公開し、必要なくなったら公開を止める、という方法で運用するのがいいでしょう。

Q 各端末に FMP をインストールして、クライアントサーバーあるいは、台数が増えて FMP サーバーを使うようになったが、ソリューションを FileMaker Database Server Website 仕様にして FMP ではなく社内 web（イントラ）のように使いたいが可能か。

A 可能です。FMP のソリューションを FileMaker Database Server Website 仕様に変えて、FMP サーバーを使って何度もテストする必要があります。

Web の掲載が前提となるので、ファイルとウインドウ操作は基本的にはできません。設定側から見ると、テーブル間の操作はできますが、ファイル間の操作はできなくなります。スクリプトワークスの互換ボタンを使って、制限事項を確認しながら作る必要があります。

web 表示

FMP の ver15 から web 表示は、FileMaker Database Server Website で行います。

スクリプトを書くときは、互換性を「FileMaker WebDirect」に合わせて作成します。

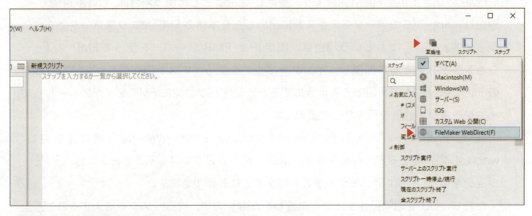

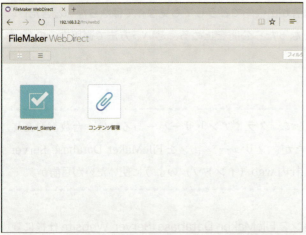

FMP サーバーに登録したソリューションを、web ソフト（Safari、Google Chrome、Microsoft Edge）で起動します。

LAN 内のサーバーの IP は 192.168.3.2 ですから、URL を入力するところには、http://192.168.3.2/fmi/webd/ と入力してください。図のように web 上にアイコンが表示されます。

アイコンをクリックすると、アカウントとパスワードの画面が出ます。ソリューションをサーバーに登録するときに入力したアカウントとパスワードをここで入れて、オープンすることができます。

ドクターズからの補足説明

　社内だけで web のようにして利用するホームページを、イントラネットといいます。

　イントラネットに DB を使うと極端にハードルが上がり、社員だけで管理ができなくなります。そこで実績がある外部の業者を使うことになるのですが、会社のシステムはその会社の財産であり固有のものですから、外部に委託するということはその会社の死を意味します。

Dr. ツーゼ　曰く

　かつて会社のシステムは、総務という部課が行ってきました。総務は会社のルールであり規則でしたが、経費削減の時代になると、使い捨てカートリッジのごとく総務を消し去ってしまったのです。

　会社は弱体化し、総務に代わってパソコンで業務をするようになったのですが、社内にネットやプログラムに精通している人が誰もいないために、システム化を外部委託し滅んだのです。

　正解は、「プロのプログラマと一緒に作る」です。しかる後、完成したソリューションを社員が引き継いで、育てる、改良する、新しく作る、が正しい選択です。

　当然、JAVA なんぞでシステムを組もうとすることは、狂気の沙汰であることに異存はないでしょう。他方、誰でも使えるエクセルのような表計算ソフトには限界があります。

　また、SQL や MySQL などの DB を取り込んで、フロントエンドとして FMP を使う意味が不明です。病院や一部の役所では、そのような動きがありますが、誰が JAVA でメンテナンスをするのでしょうか。統計処理や研究のために、一部のデータを引き出す目的で他の DB を利用するのはわかりますが、JAVA で毎日の業務を行うのは間違いです。

　理由は簡単です。例えば「電話メモ」のようなソリューションを作ろうとします。顧客から電話が来たことを記録して、メールを社員に転送しておくというだけのソリューションです。これを FMP 以外のツールで作るとしたら、どんなに手慣れたプログラマでも、1週間とか1ヶ月間も要するかもしれません。しかし FMP なら作るのに２０分とかかりません。しかもかっこよく、です。

　WebObjects のようなツールは例外として、JAVA で作ったソフトにはセンスの欠片もありません。金をかけたのにもかかわらず、毎日仕事で使うソフトとしてとても耐えられないものばかりです。

　そうではなくて、会社を支える社員が FMP でソフトを作り、これを奨励する会社が生き残る時代へと突入したのだ、ということです。

Dr. チューリングこと アラン・チューリング

英国。(1912年～1954年) 数学者

『イミテーション・ゲーム/エニグマと天才数学者の秘密』(The Imitation Game) でおなじみです。ノイマンとも面識がありました。

戦時中、彼は、ブレッチリー・パークでドイツの暗号を解読する機械を作りました。コンピュータの原理を使った暗号解読機です。解読から、ロンドンを狙ってドイツからミサイルが撃ち込まれることを知った彼は、全財産を銀の延べ棒に替えて、夜中に公園の木の下に埋めたと言われています。

Dr. ノイマンこと ジョン・フォン・ノイマン

米国（ハンガリー生まれ）。(1903年～1957年)

コンピュータがノイマン式と呼ばれるように、プログラムとデータを同一のエリアに置いて解読する方法を考案しました。

記憶力ばかりでなく計算能力にも優れ、数学界ではチューリングとノイマンは有名でした。

米国こそがコンピュータを創造した最初の国家であることを世界に知らしめるために、彼のコンピュータに関する資料は公開されていません。

Dr. バベッジこと チェールズ・バベッジ

英国。(1791年～1871年)

コンピュータの父。電気がない時代に歯車で自動計算ができることを証明し、発明した人物。現在のCPUや入出力、補助記憶装置なども彼の考案によるものです。この他にも、現在の切手による郵便制度、オペレーションズリサーチ、暗号の研究など多岐に渡って業績を残しました。

Dr. ツーゼこと コンラート・ツーゼ

ドイツ。(1910年～1995年)

恐らく最初にコンピュータを発明した人。

ナチから資金を援助してもらったという理由から、コンピュータのハードウェアを研究することを禁止されましたが、戦後ソフトウェアは許されました。その後ツーゼの特許をIBM社が購入することとなり、米国はコンピュータを量産することができました、とさ。

●あとがき

　本書ができるまでには、実に多くの方々のご支援とご協力がありました。
　札幌大学の山本裕一先生、齋藤健太郎法律事務所の齋藤健太郎弁護士とスタッフの皆さん、上渚滑の植田牧場の植田和也酪農士とそのお仲間の皆さんには、この場をお借りしてお礼申し上げます。ありがとうございました。

●国内のファイルメーカー社のホームページ

ファイルメーカープロは、ファイルメーカー社の製品です。
日本のファイルメーカー社のホームページは下記の URL にあります（2016/12/04 現在）。

　　　　　http://www.filemaker.com/jp/

●教材のダウンロード

本書で紹介したデータは教材用としてアップされています。
下記の URL を web ソフトのアドレスフィールドに入力してください。

　　　　　http://www.it-study.biz/FMP/data.zip

ダウンロードが始まります。
　ダウンロードが成功したら、「data.zip」ファイルがダウンロードされています。zip に圧縮されているので解凍してください。
　解凍したら、下記のようにデータが保管されています。

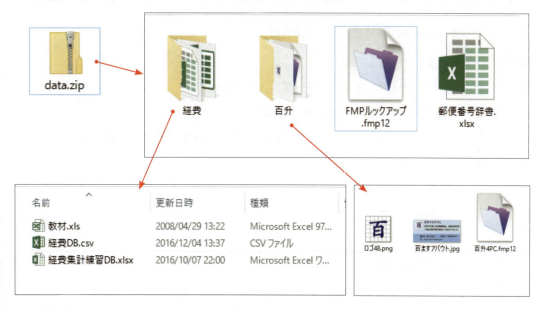

※ダウンロードファイルには、ウイルスが付着しないよう努力していますが、万が一ということもあるので、必ずウイルスチェックを行ってから解凍して利用してください。

●本書サポートページ

http://www.santapress.me/fmp/

本書の正誤および誤字脱字の修正は、上記URLでお知らせします。
本書をお読みいただいたご感想、ご意見を上記URLからお寄せください。

FileMaker Pro それはどうやるの？
（ふぁいるめーかーぷろ）

２０１７年（平成２９年）１月２１日　初版発行

著者・DTP・発行者……　蝦名信英
発　　行　　所……　サンタクロース・プレス合同会社
発　行　所　Ｕ Ｒ Ｌ……　http://www.santapress.me/
発　行　所　住　所……　〒001-0027 北海道札幌市北区北２７条西９丁目２番１０-５０５号
発　行　所　電　話……　011-758-6675
デ ザ イ ン・編 集……　Sasuke
印　　　　　　　刷……　白馬堂印刷株式会社

・落丁本、乱丁本は小社にてお取り替えいたします。
・定価はカバーに記載されております。

Printed in Japan　　ISBN978-9908804-1-5